可穿戴设备
数据安全及隐私保护

Data Security and Privacy Protection for
Wearable Devices

————————————王　俊　朱容波/著

科学出版社

北　京

内 容 简 介

本书包括 6 章，全面系统地介绍了可穿戴设备数据安全及隐私保护的基本理论、关键技术及最新成果，主要内容包括基于 PUF 与 IPI 的可穿戴设备双因子认证协议、基于平衡 D 触发器仲裁器的 PUF 安全性增强、基于 FA 策略的可穿戴设备空间数据差分隐私发布方案、基于网格划分的空间数据差分隐私发布方案、基于 UKF 的可穿戴设备流数据差分隐私发布方案等。

本书可供信息安全、网络、通信等专业的科研人员、硕士和博士研究生参考，也可供高等院校相关专业的师生参考。

图书在版编目 (CIP) 数据

可穿戴设备数据安全及隐私保护／王俊，朱容波著.
—北京：科学出版社，2018.9
ISBN 978-7-03-058727-5

Ⅰ.①可…　Ⅱ.①王…②朱…　Ⅲ.①移动终端–智能终端–安全技术
Ⅳ.①TN87

中国版本图书馆 CIP 数据核字（2018）第 206956 号

责任编辑：李　敏　杨逢渤／责任校对：彭　涛
责任印制：吴兆东／封面设计：无极书装

科 学 出 版 社 出版
北京东黄城根北街 16 号
邮政编码：100717
http://www.sciencep.com
北京厚诚则铭印刷科技有限公司 印刷
科学出版社发行　各地新华书店经销
*
2018 年 9 月第　一　版　开本：787×1092　1/16
2022 年 10 月第四次印刷　印张：8 1/2
字数：300 000
定价：98.00 元
（如有印装质量问题，我社负责调换）

序　言

随着计算机及网络技术的飞速发展，我们迎来了大数据时代。从初始的数据传送基本业务，到当今的大数据驱动经济，我们已经生活在信息的世界里。与此同时，我们的个人痕迹与信息被完全记录，给数据安全和隐私带来重大隐患。数据安全与隐私作为信息技术的重要组成部分，孕育着新的重大突破机遇，正加速向数据业务和数据安全融合方向发展。急速增长的网络用户与数据量，导致数据安全和隐私问题加剧。构建安全防护策略、保护数据隐私已经成为信息安全领域意义重大、亟待解决的研究课题。

针对数据安全和隐私保护这一目的，目前的工作集中在加密、认证、扰动等方面，通过数据加密、身份认证和数据扰动来确保数据安全并保护用户隐私。轻量级身份认证和差分隐私数据发布作为无线体域网环境下可穿戴设备数据安全与隐私保护的关键技术，成为可穿戴设备快速发展的两大技术保障。利用物理不可克隆函数和差分隐私技术，考虑数据安全性和可用性的同时，如何设计轻量级身份认证协议与差分隐私数据发布算法，成为信息安全领域一个新的研究热点。

该书作者长期从事信息安全领域的科学研究与应用开发工作，重点研究轻量级身份认证协议与差分隐私数据发布算法，并取得了一系列重要成果，发表了一批高质量的学术论文，获得了国际同行的广泛关注。该书是这些研究成果的总结，该书的出版将为传播轻量级身份认证协议设计的基础知识、交流差分隐私理论与技术、推进可穿戴设备的发展做出贡献。

作为作者的国际同行，见证了他们的努力学习、刻苦研究及工作后的勤奋与付出。我为他们取得的研究成果和学术著作的出版感到由衷的高兴，并表示由衷祝贺！

马懋德

2018 年 4 月 25 日

前　言

可穿戴设备是指整合到用户衣服，或附于皮肤表面，或直接植入体内的智能化设备。它引导着当今数字化浪潮的发展方向，是未来最有发展前景的技术之一。可穿戴设备与人紧密结合，并以人为载体，主要面向个人服务，提供额外的附加功能，甚至提升人的本能。特别是未来的可穿戴技术，有部分设备非"戴"，而是"种"在人身上，实现治疗疾病、监测状态、改善人体机能，甚至提供人们之前不具备的某种能力等。蓬勃发展的可穿戴设备，给人类带来前所未有生活便利的同时，也会侵犯个人隐私，甚至威胁人身安全。在无线体域网开放式结构下，如何为设备节点和数据中心之间提供一种安全认证机制并保护用户隐私信息，成为信息安全领域一个新的发展趋势和研究热点。

本书包括6章，全面系统地介绍了可穿戴设备数据安全及隐私保护的基本理论、关键技术及最新成果，主要内容包括基于PUF与IPI的可穿戴设备双因子认证协议、基于平衡D触发器仲裁器的PUF安全性增强、基于FA策略的可穿戴设备空间数据差分隐私发布方案、基于网格划分的空间数据差分隐私发布方案、基于UKF的可穿戴设备流数据差分隐私发布方案等。

本书的研究工作得到了国家自然科学基金项目（NO. 61772562，NO. 61272497）、湖北省技术创新专项重大项目（NO. CXZD2018000035）、湖北省自然科学基金杰出青年基金项目（NO. 2017CFA043）、武汉市应用基础研究计划项目（NO. 20170602010101-62）、中央高校基本科研业务费专项基金（NO. 2042017gf0038，2015211020201、YZZ18002）、国家民委中青年英才培养计划项目的支持，同时得到了许多同行和朋友的大力支持，研究生姬美琳参与了部分统稿工作，在此表示感谢。由于水平有限，对一些问题的理解和表述或有不足之处，诚请读者批评指正。

王　俊　朱容波
2018 年 4 月 28 日

目　　录

第1章 绪 论

本章首先介绍了面向健康服务的可穿戴设备安全认证与隐私数据发布的研究背景与意义；其次简要分析了可穿戴设备中安全认证与隐私数据发布的研究现状和存在的问题；再次给出了相关技术路线及关键技术；最后介绍了本书的总体组织结构。

1.1 引 言

可穿戴设备是指整合到用户衣服，或附于皮肤表面，或直接植入体内的智能化设备。它引导着当今数字化浪潮的发展方向，是未来最有发展前景的技术之一[1,2]。可穿戴科技网 WTVOX 指出，2016 年是可穿戴设备蓬勃发展的一年。例如，美国 Empatica 公司推出的 EmbraceWatch，是一款专门为患有癫痫的患者设计的智能腕带，可以帮助预测和防止癫痫发作。Proteus 数字医疗公司研发的可吞服性智能药丸 Helius，它可以在人的体内实时监测人体各种体征数据，以便观察患者病情并针对治疗。医疗科技公司 Medtronic 研发的 MiniMed 530G 人工胰岛系统，该系统监测佩戴者血糖值，若血糖值异常，可控制胰岛素泵注射相应剂量胰岛素，以防止佩戴者异常血糖事件[3]。据全球权威市场研究机构 CCS Insight 预测，到 2021 年，全球可穿戴设备市场可达 1.93 亿台[4]。图 1-1 展示了可穿戴设备市场上升变化趋势。

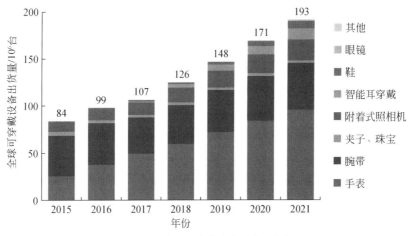

图 1-1 全球可穿戴设备市场预测

可穿戴技术以人为载体，主要面向个人服务，提供额外的附加功能，甚至提升人的本能。特别是未来的可穿戴技术，有部分设备非"戴"，而是"种"在人身上，实现治疗疾病、监测状态、改善人体机能，甚至提供人们之前不具备的某种能力等[5]。因此，可穿戴设备在社交、健康、日常生活、工作和娱乐等方方面面都能使人兴趣盎然，特别是"互联网+"的普适特性已伸向医疗健康服务界。人体佩戴轻量的传感器进行健康数据监测，如体温、心率、血糖、大脑和肌肉活动等，以实现对患有心脏病、睡觉窒息、帕金森等患者提供必要的治疗；为手术后的患者康复提供监测、自动反馈控制和虚拟现实图像服务等[6]。服务提供商能通过可穿戴设备监测患者的健康状况并提供针对性的诊疗方案，甚至研发新的技术[5]。结合无线体域网（wireless body area network，WBAN）的移动医疗将是席卷全球的浪潮，对"传统医疗"模式将提出挑战。2017 年，在美国年度最大、最重要的健康服务 HIMSS（Healthcare Information and Management Systems Society，医疗卫生信息与管理系统协会）峰会上，"隐私与安全"与前两年一样依旧是频繁出现的热门话题。与会者一致认为，移动医疗涉及的隐私和安全问题必须引起重视。

人们对健康服务更好更快的需求，使得新的可穿戴设备拥有更强大的用户数据收集和处理能力，数据汇聚到后台服务器之后可对数据进一步处理与共享。例如，疾病控制中心，可以根据流感人群的空间位置信息，分析有关区域内流感的扩散趋势，从而有针对性地预警[7,8]。面向健康服务的可穿戴设备虽然应用前景广阔，但是这些设备与人紧密结合。对于用户来说，健康信息都是相对敏感的，任何不恰当的信息暴露都可能泄露用户隐私，导致严重的财产损失，甚至危及人身安全。缺少恰当的安全隐私保护，用户可能不接受可穿戴设备的应用[9]。

安全认证是确保可穿戴设备中用户数据安全的重要手段，但是传统认证机制通常基于密钥和证书[10]。密钥存储空间过大、协商过程复杂且不灵活，在资源受限的可穿戴设备环境下，直接应用传统认证机制不可行。为此，针对可穿戴设备资源受限特点，如何设计一种轻量级安全认证机制，并确保数据安全是值得研究的问题。

匿名化是确保用户隐私的常用方法，传统基于匿名模型的数据隐私保护方案被大量提出。例如，k-anonymity[11] 和 l-diversity[12]，这类方案主要是基于限制发布技术。然而，基于匿名的方案也存在隐私泄露的风险，需要不断针对新泄露的风险提出修补方案。例如，de Montjoye 等[13]证明，仅需四条购买记录的时间和位置信息就能识别 110 万匿名信用卡消费数据集中 90% 的用户。

差分隐私（differential privacy）[14]是一种基于数据加噪扰动的隐私保护技术，具有隐私可量化、攻击能力可界定的良好性质，针对用户隐私安全，基于差分隐私的隐私数据发布是值得研究的问题。

良好的数据安全性和严密的隐私保护功能，是面向健康服务的可穿戴设备广泛应用的前提，只有人身安全得到保障，隐私得到保护，这类设备才能被大众接受，走向千家万户，惠及广大百姓。因此，系统地研究和解决可穿戴设备的数据安全与隐私保护问题，能为构建可穿戴设备的健康服务安全体系奠定坚实的安全理论基础，同时，对推动可穿戴设备的普及具有重要应用价值。

1.2　数据安全及隐私保护现状分析

面向健康服务的可穿戴设备与人的结合更紧密，大量涉及个人敏感数据，还可能伴有调节控制功能，如根据设置和测量结果，自动释放药物到体内。这些设备虽然提高了我们的生活质量，但也会涉及更多的个人隐私，对人身安全的威胁也更大。因此，数据安全和隐私保护是摆在我们面前的重要研究课题，需要重点研究安全认证和隐私数据发布问题。

1. 可穿戴设备安全认证

安全认证是确保可穿戴设备用户数据和人身安全的重要手段，可穿戴设备资源受限，直接应用传统认证机制不可行[15]。

WBAN 环境下针对可穿戴设备的认证研究起步较晚，结合可穿戴设备 In-body 和 On-body 易于获取生物特征的应用特点，很多认证采用了新型的生物特征认证方法。生物特征以其私有属性的唯一性，具有较强的安全性，在可穿戴设备安全防护上应用前景广阔[15]。2006 年，Poon 等[16]指出心率的间歇信号（interpulse interval，IPI）是一种良好的用户生物特征，适用于 WBAN 环境下的安全认证。2014 年，Zheng 等[17]提出通过心率特征提取密钥的方法，用于数据安全加密。2015 年，Thang 等[18]从步伐生物特征中模糊提取特征码，通过特征码进行认证。2015 年，Chen 等[19]针对移动设备，提出了一种基于行为节奏特征的认证方案，从用户有节奏的轻敲界面中提取特征与设备中存储的特征进行度量。然而，上述这些认证方案仅考虑了认证方私有属性的唯一性，而没有考虑设备的物理唯一性，易受到假冒攻击。

近年来，由于物理不可克隆函数（physical unclonable function，PUF）具有简便、安全的优势，被广泛应用于资源受限环境下的安全认证[20,21]。早期，基于 PUF 的认证采用存储的激励/响应对（challenge response pair，CRP）实现[22]。此方案需要存储大量 CRP，资源占用多。2012 年，Bassil 等[23]提出了一种基于 PUF 与循环移位操作的射频识别（radio frequency identification，RFID）安全认证方案，该方案也需存储大量的 CRP。2014 年，Rostami 等[24]提出了一种基于多 PUF 并联建模的轻量级认证协议，该方案通过建模进行匹配认证。2015 年，Akgün 和 Cağlayan[25]提出了一种基于 PUF 的可扩展认证协议，此协议能在常数时间复杂度下完成认证。然而，上述认证方案仅考虑了认证方设备物理属性的唯一性，而没有考虑用户私有属性的唯一性，存在假冒、妥协攻击的威胁。

以上方法中，单纯基于生物特征的认证，虽然可以保证私有属性的唯一性，但是容易受到假冒攻击，不能保证节点真实可信；单纯基于 PUF 的认证，虽然能够保证节点的物理唯一性，但不能保证节点一定属于本 WBAN 环境。为了同时保证设备物理属性和用户私有属性双重唯一性，我们认为，结合生物特征与 PUF 技术的认证方法，为 WBAN 环境中设备节点安全认证提供了一种新思路。

2. 健康服务数据隐私保护

面向健康服务可穿戴设备数据的高敏感性，使可穿戴设备从诞生之日起，便遭到用户隐私泄漏的质疑[26,27]。而随着网络化、信息化的不断深入，用户隐私泄漏的风险越来越大[28]。基于隐私泄露的担忧，研究者提出了一系列隐私保护的用户数据共享方案。

基于传统密码学的隐私保护方案或使用假名 ID 来替换用户记录真实 ID[29]，或使用访问控制策略来确保用户记录仅能被特定用户组访问[30]。这些方法要么被现有去匿名化攻击证明十分脆弱，要么过程复杂[28,31]。

为确保用户信息的安全，提出大量基于 k-anonymity 模型的数据隐私保护方案[32]。这类方案主要是基于限制发布技术，其基本思想是通过对记录数据的准标示符进行泛化或截取处理。将数据集根据不同的泛化标示符进行划分，泛化标识符相同的记录数据归为一个等价类，并且使得每一个等价类中的记录数据不少于 k 个。换句话说，即将某一个用户的记录数据"隐藏"在对应等价类的 k 个记录当中，从而保护用户隐私。然而，基于匿名模型的方法缺乏对隐私保护程度的量化和对攻击者能力的清楚界定，仍然存在隐私泄露风险[12]。

基于概率模型的差分隐私改变了这一局面。差分隐私要求，单个记录数据对数据集查询结果的影响从概率上微小可控。同时差分隐私给出了攻击者的攻击能力上限，即假定在最差情况下，攻击者拥有除当前用户记录以外的所有记录数据，因此，能够抵御差分攻击即表明可以抵御所有已知和未知的隐私攻击。由于差分隐私具有上述隐私可量化、攻击能力可界定的良好性质，它被迅速地引入诸多数据查询与发布应用领域[33]。近年来，已有研究者将差分隐私成功引入智能仪表应用领域[34]和安全位置服务领域[35]，亦有研究者探讨了差分隐私引入健康数据上的可行性[36]。

差分隐私是一种严格证明和安全可控的隐私保护技术，能够保护用户敏感信息不被泄露。发布数据中添加噪声越大，数据越安全，然而，数据可用性越低。差分隐私具有良好的应用前景，但是，如何保护数据隐私的同时提高数据可用性是我们关注的问题[37]。本书分别针对健康服务数据中涉及的空间位置数据和健康状态统计时序数据，研究一种新型的差分隐私保护模型。

1.3 技术路线及关键技术

1.3.1 技术路线

面向健康服务的可穿戴设备的用户数据至关重要，轻则涉及个人隐私，重则关乎人身安危，解决可穿戴设备安全问题迫在眉睫。但可穿戴设备资源受限，在安全认证方面，现有研究成果虽有超轻量化认证机制，但这些机制只针对设备的物理属性进行认证，保证不了用户的私有属性；在隐私保护方面，现有研究成果没有针对可穿戴设备数据特点，在数据安全性与可用性上达不到理想效果。因此，针对可穿戴设备及其数据特点，研究安全认证和隐私保护的新机制，对推动可穿戴设备的深度推广和普及应用具有重要理论意义及应用价值。本书研究内容关系和技术路线分别如图 1-2 和图 1-3 所示。

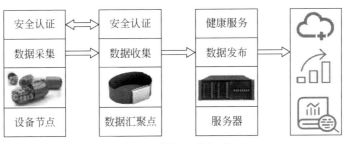

图 1-2 研究内容关系

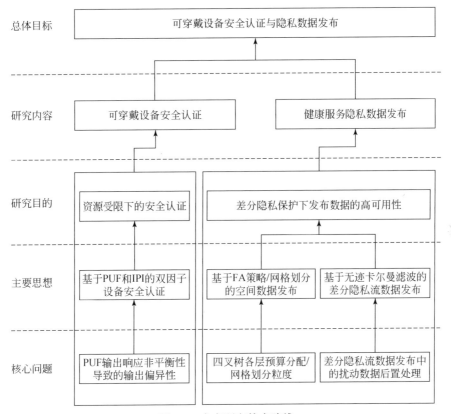

图 1-3 本书研究技术路线

1. 可穿戴设备安全认证

一方面，根据 WBAN 中节点物理特征，针对可穿戴设备自身特点，利用"物理指纹"PUF 技术认证时，结合 IPI 生物特征和 PUF 技术，将人和设备绑定，作为一个整体认证单元，实现设备物理属性和人私有属性的双重唯一性安全认证。另一方面，认证协议中，PUF 安全性事关认证协议安全，PUF 的安全为上层应用提供了安全保障。PUF 的输出响应随机性越高，即其熵测试值越大，PUF 安全性越高。如何实现基于 PUF 和 IPI 的可穿戴设备双因子认证协议，并进一步提高 PUF 电路的对称性，减少 PUF 电路非对称带来的输出响应偏异性，是本书的研究内容。

2. 健康服务隐私数据发布

1）空间位置数据的差分隐私发布

可穿戴设备服务商发布用户位置统计数据时，需保护用户位置隐私。促进用户共享数据的关键在于保证用户的个人隐私不被攻击者侵犯。但由于数据共享的开放性，攻击者可以开展各类隐私攻击。虽然差分隐私相对传统隐私保护模型具有巨大的优势，但满足差分隐私的同时必须牺牲一定数据可用性。针对健康服务共享发布中静态空间位置数据，本书以同时满足用户数据隐私性和可用性为目标，研究适用于空间位置数据的差分隐私发布方案。

2）流数据的差分隐私发布

健康服务共享发布时序数据主要包括可穿戴设备实时采集的用户生理、健康状态数据，如对血糖、血压、血氧等的检测数据。此类数据具有实时性，如果不考虑数据的实时性，对不同类型数据进行相同的处理，会降低共享发布数据的可用性。针对健康统计动态流数据，研究适用于流数据的差分隐私发布方案，保证数据隐私性的同时，提高数据可用性。

1.3.2　关键技术

面向健康服务的可穿戴设备与人紧密相连，决定了它更有可能面临安全威胁。它自身的资源条件决定了其采取的安全措施是受限的，同时，其健康服务数据既敏感又有公开价值，保证隐私安全前提下的数据发布是必要的。本书研究可穿戴设备安全保护机制中的两个关键技术，包括结合生物特征和物理特征的设备安全认证与可穿戴设备数据安全发布。

本书的关键技术在于以下 3 个方面。

（1）现有基于设备物理特征的认证忽略了用户生物特征的唯一性，使这些协议易受妥协攻击，而基于用户生物特征的认证易受假冒攻击。本书提出一种基于生物特征 IPI 和设备物理特征 PUF 的双因子安全认证机制，使用生物属性 IPI 和设备物理属性 PUF 的双重唯一性进行安全认证，将设备和人绑定为一个整体单元，并通过平衡 D 触发器仲裁器改善 PUF 电路非对称性带来的输出偏向，更好地确保认证安全。

（2）可穿戴设备涉及空间数据和流数据，发布用户位置统计数据时，需保护用户位置隐私。现有基于差分隐私空间分解的数据发布算法常采用均匀隐私预算分配策略，每一个划分单元格分配相同隐私预算，未根据数据查询实际情况进行合理预算分配。本书针对可穿戴设备中空间位置数据，提出一种基于斐波拉契预算分配策略的差分隐私空间数据发布方案。此方案优化了隐私预算的分配，降低了数据发布误差，并通过限制推理和阈值判断的方法进一步增强扰动数据的可用性，以较小的隐私预算满足较高的发布数据精度。

（3）可穿戴设备流数据发布为数据挖掘分析中的决策制定与疾病预测提供了坚实的基础，然而，流数据直接发布带来了隐私泄露的风险。为解决此问题，差分隐私被应用于流数据发布。扰动数据直接影响挖掘分析的结果，为提高数据可用性，现有差分隐私流数据发布方法常采用卡尔曼滤波进行数据可用性优化，然而，卡尔曼滤波不适应于非线性系统。针对可穿戴设备中的健康时序数据，提出一种基于无迹卡尔曼滤波的差分隐私流数据发布方案。此方案利用抽样的方式近似非线性分布，保护数据隐私的同时增强了数据可用性，既满足用户隐私需求，又保证流数据的高可用性。

1.4　本书结构介绍

本书各章节组织结构如图 1-4 所示，具体如下：

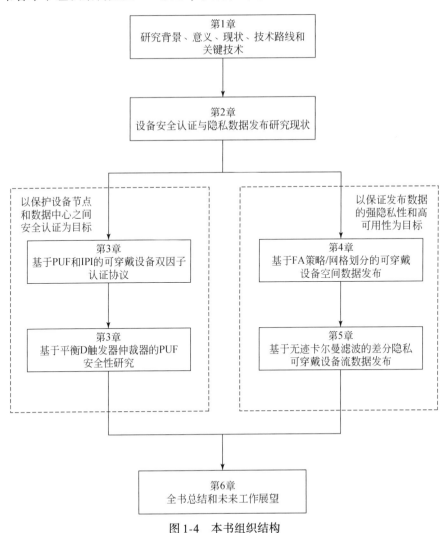

图 1-4　本书组织结构

第 1 章：首先介绍了面向可穿戴设备安全认证与隐私数据发布的研究背景和意义，其次介绍了本书相关研究内容并对其进行了分析，再次给出了本书的技术路线和关键技术，最后介绍了本书的组织结构。

第 2 章：总结了设备安全认证与隐私数据发布方法。设备安全认证主要包括基于 TPM（trusted platform module，可信平台模块）的认证和基于 PUF 的资源受限设备安全认证，用户隐私数据发布主要包括基于差分隐私空间数据发布和时序数据发布。

第 3 章：首先分析了基于物性特征或者生物特征认证方案的不足，提出了一种基于 PUF 和 IPI 的可穿戴设备双因子认证方案，其次对方案进行了安全性分析和性能评估，最后进一步给出了 PUF 安全性增强措施，并通过仿真实验对其进行了验证。

第 4 章：研究了差分隐私空间数据发布，针对已有差分隐私空间分解中均匀隐私预算分配的不足，提出一种斐波拉契预算分布策略，随后分析了不同预算分配策略下数据查询的误差。通过对发布数据噪声误差和均匀假设误差的整体分析，提出一种基于网络划分的空间数据发布方案。上述方案确保数据安全性的同时，提高了数据可用性，并通过数据集对其进行了验证。

第 5 章：首先研究了差分隐私流数据发布，针对基本方案的不足，提出一种基于无迹卡尔曼滤波的差分隐私流数据发布改进方案，其次对两个方案进行了分析，最后对其性能进行了验证和对比。

第 6 章：对本书进行了总结，并展望了未来研究工作。

参 考 文 献

[1] Chen M, Gonzalez S, Vasilakos A, et al. Body area networks: A survey. Mobile Networks & Applications, 2011, 16(2): 171-193.

[2] Movassaghi S, Abolhasan M, Lipman J, et al. Wireless body area networks: A survey. IEEE Communications Surveys & Tutorials, 2014, 16(3): 1658-1686.

[3] Aidan. 10 medical wearables to improve your life in 2016. https://wtvox.com/digital-health/top-10-medical-wearables/. 2016-1-30[2018-5-9].

[4] Insight C. Critical year ahead for smartwatches as big brands join the party. https://www.ccsinsight.com/press/company-news/3161-critical-year-ahead-for-smartwatches-as-big-brands-join-the-party. 2017-8-30[2018-5-9].

[5] Camara C, Peris-Lopez P, Tapiador J E. Security and privacy issues in implantable medical devices: A comprehensive survey. Journal of Biomedical Informatics, 2015, 55(C): 272.

[6] Mukhopadhyay S C. Wearable sensors for human activity monitoring: A review. IEEE Sensors Journal, 2014, 15(3): 1321-1330.

[7] 李静, 顾江. 个体化医疗和大数据时代的机遇和挑战. 医学与哲学(A), 2014, 35(1A): 5-10, 25.

[8] 喻国明, 何睿. 健康信息的大数据应用: 内容、影响与挑战. 编辑之友, 2013, (6): 20-22.

[9] Zhang K, Yang K, Liang X, et al. Security and privacy for mobile healthcare networks. IEEE Wireless Communications, 2015, 22(4): 104-112.

[10] 陈炜, 龙翔, 高小鹏. 一种用于移动 ipv6 的混合认证方法. 软件学报, 2005, 16(9): 1617-1624.

[11] Sweeney L. K-anonymity: A model for protecting privacy. International Journal on Uncertainty, Fuzziness and Knowledge-Based Systems, 2002, 10(5): 557-570.

[12] Machanavajjhala A, Gehrke J, Kifer D, et al. L-diversity: Privacy beyond k-anonymity. ACM Transactions on Knowledge Discovery from Data(TKDD),2007,1(1): 1-52.

[13] de-Montjoye Y A, Radaelli L, Singh V K, et al. Unique in the shopping mall: On the reidentifiability of credit card metadata. Science,2015,347(6221): 536-539.

[14] Dwork C. Differential privacy. Proceedings of the International Colloquium on Automata, Languages, and Programming,2006,26(2):1-12.

[15] Boyen X, Dodis Y, Katz J, et al. Secure remote authentication using biometric data. Proceedings of the 24th Annual International Conference on Theory and Applications of Cryptographic Techniques, Aarhus, Denmark, 2005,494 :147-163.

[16] Poon C C Y, Zhang Y T, Bao S D. A novel biometrics method to secure wireless body area sensor networks for telemedicine and m-health. IEEE Communications Magazine,2006,44(4): 73-81.

[17] Zheng G, Fang G, Shankaran R, et al. An ecg-based secret data sharing scheme supporting emergency treatment of implantable medical devices. Proceedings of the International Symposium on Wireless Personal Multimedia Communications, Sydney, Australia,2014: 624-628.

[18] Hoang T, Choi D, Nguyen T. Gait authentication on mobile phone using biometric cryptosystem and fuzzy commitment scheme. International Journal of Information Security,2015,14(6): 549-560.

[19] Chen Y, Sun J, Zhang R, et al. Your song your way: Rhythm-based two-factor authentication for multi-touch mobile devices. Proceedings of the 2015 IEEE Conference on Computer Communications, Kowloon, Hong Kong,2015: 2686-2694.

[20] Pappu R. Physical one-way functions. Science,2002,297(5589): 2026-2030.

[21] Li B, Chen S. A dynamic PUF anti-aging authentication system based on restrict race code. Science China, 2016,59(1): 1-12.

[22] Suh G E, Devadas S. Physical unclonable functions for device authentication and secret key generation. Proceedings of the Design Automation Conference, San Diego, CA, USA,2007: 9-14.

[23] Bassil R, El-Beaino W, Kayssi A, et al. A PUF-based ultra-lightweight mutual-authentication RFID protocol. Proceedings of the Internet Technology and Secured Transactions, Abu Dhabi, United Arab Emirates, 2012: 495 - 499.

[24] Rostami M, Majzoobi M, Koushanfar F, et al. Robust and reverse-engineering resilient PUF authentication and key-exchange by substring matching. IEEE Transactions on Emerging Topics in Computing,2014,2(1): 37-49.

[25] Akgün M, Cağlayan M U. Providing destructive privacy and scalability in RFID systems using pufs. Ad Hoc Networks,2015,32(C): 32-42.

[26] Barrows R C, Clayton P D. Privacy, confidentiality, and electronic medical records. Journal of the American Medical Informatics Association Jamia,1996,3(2): 139.

[27] Safavi S, Shukur Z. Conceptual privacy framework for health information on wearable device. PLoS One,2014, 9(12): 1-16.

[28] Emam K E, Dankar F K, Neisa A, et al. Evaluating the risk of patient re-identification from adverse drug event reports. Bmc Medical Informatics & Decision Making,2013,13(1): 114.

[29] Demuynck L, Decker B D. Privacy-preserving electronic health records. Proceedings of the 9th IFIP TC-6 TC-11 International Conference on Communications and Multimedia Security, Salzburg, Austria,2005: 150-159.

[30] Caine K, Hanania R. Patients want granular privacy control over health information in electronic medical re-

cords. Journal of the American Medical Informatics Association Jamia,2013,20(1): 7-15.

[31] Benitez K, Loukides G, Malin B. Beyond safe harbor: Automatic discovery of health information de-identification policy alternatives. Proceedings of the 1st ACM International Health Informatics Symposium, Arlington, Virginia, 2010: 163-172.

[32] Ye H, Chen E S. Attribute utility motivated k-anonymization of datasets to support the heterogeneous needs of biomedical researchers. Proceedings of the Amia Annual Symposium, 2011: 1573-1582.

[33] Wang J, Liu S, Li Y. A review of differential privacy in individual data release. International Journal of Distributed Sensor Networks, 2015, 11(10): 1-18.

[34] Won J, Ma C Y T, Yau D K Y, et al. Proactive fault-tolerant aggregation protocol for privacy-assured smart metering. Proceedings of the 2014 IEEE INFOCOM Toronto, ON, Canada, 2014: 2804-2812.

[35] Fung E, Kellaris G, Papadias D. Combining differential privacy and PIR for efficient strong location privacy. Proceedings of the 14th International Symposium on Spatial and Temporal Databases, Hong Kong, 2015: 295-312.

[36] Emam K E, Emam K E. The application of differential privacy to health data. Proceedings of the 2012 Joint EDBT/ICDT Workshops, Berlin, Germany, 2012: 158-166.

[37] Zhu T, Xiong P, Li G, et al. Correlated differential privacy: Hiding information in non-IID data set. IEEE Transactions on Information Forensics & Security, 2014, 10(2): 229-242.

第 2 章 | 安全认证及隐私保护研究现状

如第 1 章所述，本章重点关注设备安全认证和用户隐私数据发布两方面内容。因此，本章将在数据安全及隐私保护现状分析的基础上，深化相关研究工作。在章节的组织安排上，首先介绍了设备的安全认证，其次对隐私数据发布方法进行了总结。以下为本章相关研究的详细介绍。

2.1 身份认证技术

可穿戴设备作为健康服务的核心基础，需保证设备的运行安全。因此，设备节点在接入数据中心之前，需要进行节点的身份认证，以防止不可信节点非法接入，以保证系统的安全性。现有的设备身份认证主要包含基于 TPM（trusted platform module）/TPCM（trusted platform control module，可信平台控制模块）的身份认证[1,2]和基于 PUF 的身份认证[3]。

2.1.1 可信计算技术

可信计算技术从狭义上是指在传统 PC（personal computer，个人计算机）等计算设备的主板上集成一个专用的密码芯片和计算部件，称为可信平台模块（可信计算组织规范），或可信密码模块（trusted cryptography module，TCM）（我国建议标准）。

TPM 是系统的一部分，其负责对系统的安全状况进行报告，并根据具体情况采取反馈措施，使得系统按照既定可信的状态运行。TPM 与主机系统的交互是通过规范的接口，该规范即 TCG 的 TPM 规范。

TPM 通常都是使用物理资源来实现，如常见的通过低速接口嵌入在 PC 主板上的 TPM 芯片。一个 TPM 芯片通常包含一个处理器、RAM、ROM 和 Flash Memory。与 TPM 芯片交互的唯一方式是通过 LPC（low pin count），主机系统只有通过接口部分的 I/O 缓存才能改变 TPM 内存空间的数值。TPM 的实现还可以通过另外一种合理的方式：使主机的处理器处于一个特殊的安全执行模式，然后再让其运行代码。这类 TPM 拥有的内存是专门为其分配的系统内存的一部分，只有处理器处于特殊的安全模式下才能进入这块内存区域。同样的，这类 TPM 也有很好的隔离性，系统与之交互只能通过定义良好的接口。目前，包括系统管理模式、Trust Zone 和处理器虚拟化等技术都是实现安全执行模式的方法。完整的 TPM 2.0 功能模块和架构如图 2-1 所示[84]。

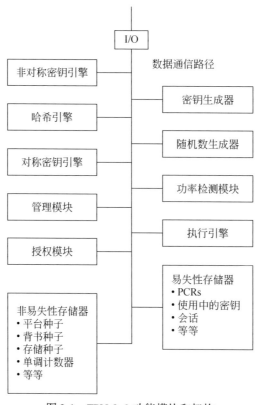

图 2-1　TPM 2.0 功能模块和架构

在我国制定的可信计算规范中，使用具有主动控制与度量特点的 TPCM 建立可信基础支撑软件，从而建立可信的计算环境。可信基础支撑软件是可信计算平台支撑体系中的基础软件部分，能够保障信任链在软件系统的传递，保证系统软件的可信性，管理可信计算平台的资源，并向用户提供统一的完整性管理框架，对基于可信计算平台的软硬件系统的完整性状态进行度量、存储与报告，保护可信计算平台的应用环境不被篡改[4]。

基于 TPCM 的直接匿名证明及有关系统平台配置信息的证明，从本质上讲都是网络环境中双方终端平台信任关系的建立问题。证明的目的就是满足对方通信的需求条件，取得对方的信任。2000 年，自动信任协商（automated trust negotiation，ATN）[5] 由 Winsborough 等首先提出，目的是解决在开放的分布式网络环境中双方之间信任关系的自动建立问题[4]。

ATN 同样使用属性证书来完成证明的过程。但是，该方案中的证书发布者并不要求统一，因此并不需要一个统一的可信第三方。在 ATN 中通过事先制定好的协商策略来控制属性证书的交互披露，最终建立资源的请求方和提供方的信任关系，从而保证敏感资源的受控访问。ATN 工作原理如图 2-2 所示。

可信计算技术已经取得一定的成果。但将这种技术应用于信息应用系统，用于保护其中的数据资源和隐私信息时，还存在一些不足和尚待解决的问题。

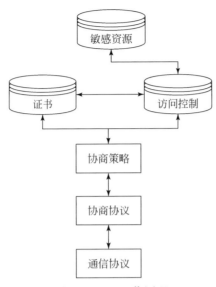

图 2-2   ATN 工作原理

信息应用系统"隐私保护"的对象不仅是系统的用户，更加注重的是信息应用系统本身的信息泄露问题。而信息应用系统中的"隐私信息"则包含信息应用系统的软、硬件配置信息，平台身份和信息应用系统内的资源等。根据分析，除了由于信息应用系统本身的不安全和不可信造成的信息资源的泄露，信息应用系统的隐私泄露主要发生在信息被访问和共享时。

1. TPCM

TPCM 由国内著名信息安全专家沈昌祥提出，与 TCG 提出的可信平台模块 TPM 不同，TPCM 里面加入了主动度量模块及访问控制模块，可以主动对交互对象进行度量且可作为密码运算引擎对外提供加解密的密码云服务。其内部拥有受保护的安全存储单元、可存储密钥等敏感数据。通过 TPCM 功能支持、可信计算平台能提供各种安全服务，也可以实现用户等级的区分。

我国提出基于 TPCM 的三层三元对等的可信网络连接架构在终端接入网络之前对平台状态进行度量，只有满足网络安全策略的终端才被允许接入网[4]。同时，终端也对接入服务器进行验证，只有满足终端安全策略的接入服务器才允许与终端连接。因此，这是一种主动、双向的、预先防范的网络连接方法。可信网络连接架构是可信计算体系结构的一个重要组成部分，目的是使信任链从终端扩展到网络，将单个终端的可信状态扩展到互联系统。

我国可信计算规范中的 TPCM 包含密码算法模块（即 TCM）。其中，密码与平台功能关系如图 2-3 所示。可信计算平台采用密码模块密钥（endorsement key，EK）标识其身份，该密钥是一个椭圆曲线密码体制（elliptic curves cryptography，ECC）密钥对，保存在TPCM 中，在平台生命周期内只能拥有一个密码模块密钥。在平台所有者授权下，在

TPCM 内部生成一个 ECC 密钥对，作为平台身份密钥（platform identity key，PIK），用于对 TPCM 内部的信息进行数字签名，实现平台身份认证和平台完整性报告，从而向外部证实平台内部数据的可信性。EK 是唯一的，必须被保存在 TPCM 内，仅仅在获取平台所有者操作及申请平台身份证书时使用，且不得被导出 TPCM 外部。一个可信计算密码支撑平台可以产生多个 PIK，每个 PIK 均与 EK 绑定，对外代表平台身份。

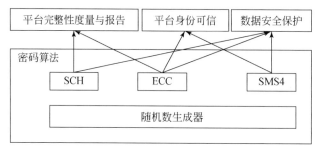

图 2-3　密码与平台关系

2. 环签名

环签名是由 Rivest、Shamir 和 Tauman 在 2001 年提出的。一组可能的签名者组成一个环，但其中只有一位是真正的签名者，由他来产生签名。验证者通过验证环签名可以确认签名者来自于环中的成员，但是无法知道签名者的真实身份。与群签名相比较，环签名不需要管理者并且由环成员自由选择其他的环成员。在签名的过程中，真正的签名者不需要征得其他环成员的同意，也不需要其他任何环成员的协助。此外，不同的环成员可以自由选择不同的公钥签名算法，甚至密钥的长度和生成的签名的长度也可以不同[6]。

环签名：给定 t 个环成员的公钥 Q_1，Q_2，…，Q_t，真正签名者的私钥 $d_{s'}$（s' 表示环中第 s' 个成员），消息 m，真正的签名者产生环签名 σ。

环验证：当验证者收到消息 m 和相应的环签名 σ，它使用所有环成员的公钥对签名进行验证并输出 T 或 F。

3. 远程证明

远程证明是可信计算提供的最重要的安全机制之一，它能够在远程方实现对平台完整性的信任级别的判定，是建立平台间信任、网络空间信任的重要技术。远程证明包含三个重要的方面：TPM/TPCM 安全芯片、完整性度量架构、远程证明协议。TPM/TPCM 安全芯片从功能和接口上支持远程证明；完整性度量架构通过度量代理（measurement agent，MA）对平台的硬件、软件完整性进行度量，获得平台的真实配置状态；远程证明协议则是通过具体的密码协议证明平台完整性的过程。

远程证明过程中，TPM/TPCM 用 AIK（attestation identity key）/PIK 对平台配置信息的散列值签名，向对方提供平台完整性度量值。这种二进制远程证明的方法并没有保护平台的匿名性和隐私性。

（1）平台配置信息泄露：验证方可以通过分析远程证明数据获知平台的配置。因此，应该采用基于属性证书的远程证明。

（2）平台身份泄露：一般的远程证明采用的是 AIK 的证明，验证方只要串谋私有 CA（certificate authority，电子商务认证授权机构）就能掌握证明方平台的身份。因此，应该采用直接匿名证明的方法。

2.1.2 物理不可克隆函数

物理不可克隆函数定义如下。

定义 2-1 物理不可克隆函数（physical unclonable function，PUF）[3]：

PUF 是一种不可逆的函数，把激励映射到响应。其利用物理设备制造差异性，生成唯一的激励响应对（challenge response pairs，CRP）。PUF 拥有许多优势。一方面，CRP 能够在很短时间内通过一种简单电路快速生成；另一方面，攻击者难以窃取 CRP，因为任何物理入侵都将损坏设备正常 PUF 电路结构。特别地，不可能产生两个一模一样的 PUF 电路，因为其电路特征超出了工艺生产过程的能力控制范围[3]。

基于延迟的 PUF 适用于资源受限环境下应用，如可穿戴设备[7]，其电路原理如图 2-4 所示[8]。此 PUF 电路中间延迟线主要由 n 个延迟单元构成，电路右边仲裁器（arbiter）为一个 D-触发器。延迟线上的每个延迟单元都包含 2 个数据选择器，选择器中有上下两条不同选择路线，可通过输入激励控制其路线选择。脉冲信号从 PUF 电路的左边输入，然后在中间延迟线的上下两条路径上竞争通过。最终，PUF 电路利用器件自身特有的内部制造过程中的差异性，得到一个从输入激励到输出响应的映射[9]。

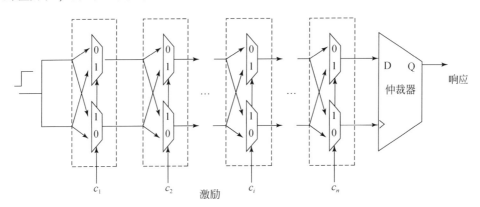

图 2-4　基于延迟的 PUF 电路

给定激励 $c_i \in \{0, 1\}$，$i = 1, 2, \cdots, n$ 信号在竞争路径中的相对延迟决定了仲裁器的输出结果。如图 2-4 中虚线框所示，在每个延迟单元中，c_i 作为数据选择器的选择信号，决定了脉冲信号的路径走向。如果 $c_i = 0$，信号在延迟单元中并行通过，否则，信号在延迟单元中交叉通过。脉冲信号通过 n 个延迟单元后，到达电路右边的 D-触发器仲裁器，仲裁器根据信号竞争通过的快慢，得到不同输出结果。如果信号先到达时钟引脚 Clk，则输出结果为1，否则，输出结果为0。D-触发器输出结果如图2-5所示。

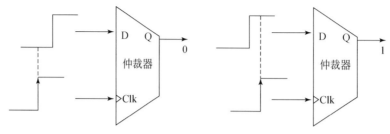

图2-5　D-触发器输出结果

图2-4中基于延迟的PUF可通过线性不等式表达[10,11]，如式（2-1）所示。

$$r = \mathrm{Sign}(\vec{\Delta} \cdot \vec{\Theta}) \tag{2-1}$$

式中，$\vec{\Delta} = (\delta_1, \cdots, \delta_i, \cdots, \delta_{n+1})$ 表示信号在上下两条路径中延迟，$\delta_1 = \{\delta_1^0 - \delta_1^1\}/2$，$\delta_i = \{\delta_{i-1}^0 + \delta_{i-1}^1 + \delta_i^0 - \delta_i^1\}/2$，$i = 2, \cdots, n$，$\delta_{n+1} = \{\delta_n^0 + \delta_n^1\}/2$，$\delta_i^{0/1}$ 为数据选择器 i 中选择信号分别为0和1时的路径延迟；$\vec{\Theta} = [(-1)^{\gamma_1}, (-1)^{\gamma_2}, \cdots, (-1)^{\gamma_n}, 1]$，$\gamma_i = c_i \oplus c_{i+1} \cdots \oplus c_n$，$c_i \in \{0, 1\}$；"·"为点积运算；Sign 为符号函数。

2.2　身份认证方案

开放网络环境下的信息应用系统日益普遍，为人们的工作生活带来了极大的便利，但同时其中的关键数据的安全处理及隐私的保护也给其应用与相关的计算平台提出了更高的安全需求。一方面参与者需要保持匿名，保护自己的隐私信息不受侵犯，另一方面也需要有一种专门的机制来保证每一个参与方及计算环境有一定的"可信度"，从而防止网络欺骗和身份盗用等安全事件的发生。可信计算技术通过在计算平台上集成可信平台模块构建可信的计算环境，不仅可以利用远程匿名证明达到平台数据信息的保护并实现远程的信任传递，在一定程度上解决分布式系统中参与方之间的相互信任问题，而且为其他数据保护技术（如访问控制等）的实施提供了安全的密码算法和密钥管理的方案。

2.2.1　基于 TPCM 的远程匿名证明

基于可信密码控制模块 TPCM 的远程自动匿名证明（remote automated anonymous attestation，RAAA）方案，称为 TPCM-RAAA 方案[4]。此方案在我国"三层三元"可信网络连接规范的基础上，不仅能有效防止平台身份信息的泄露，而且使用 TPCM 及其宿主联合签署的隐藏属性证书来隐藏平台的状态配置信息，证明过程中不需要使用零知识证明，因此具有较高的实现效率。

网络通信中的远程证明应该首先确认对方是否嵌入 TPCM 模块。此方案使用环签名替代 TCG 体系中 DAA（direct anonymous attestation）使用的群签名。环签名方案不需要群签名中的管理者，由签名者自主选择环成员，将自己的真实身份隐藏在所选择的环成员当中，达到在远程证明过程中匿名的目的。但由于 TPCM 计算能力的有限，需要 TPCM 宿主参与来有效地完成完整的直接匿名证明，因此必须根据 TPCM 的特性修改常规的环签名方案使得 TPCM 宿主和 TPCM 可以联合生成签名但又不暴露私有性。基于 TPCM 的自动协商证明工作原理如图 2-6 所示。经过 TPCM 签名的属性证书在通信双方的协商协议的控制下交替披露给对方，一直到满足双方安全通信的要求为止，最终建立信任关系。

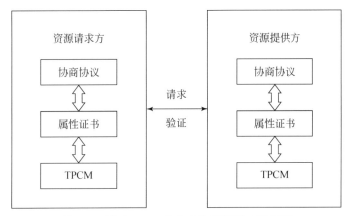

图 2-6 基于 TPCM 的自动协商证明工作原理

TPCM-RAAA 方案中存在两种类型的实体：真正的签名者 S 和验证者 V。假设这个方案中，签名者 S 和验证者 V 都是具有可信模块 TPCM 的可信平台，设 T_s 是签名者 S 的 TPCM，H_s 是签名者 S 的宿主。相应地，设 T_v 是验证者 V 的 TPCM，H_v 是验证者 V 的宿主。

TPCM-RAAA 方案协议分为五个子协议：初始化（Initialize）、签名（Sign）、验证（Verify）、交互（Interactive）和链接（Link）。在整个网络通信的过程中，假设签名者 S 是资源请求者，验证者 V 是资源提供者。由于 TPCM 的计算限制，协议中只有部分重要的计算在 TPCM 内部进行，其他计算都在 TPCM 外部完成。

Initialize：H_s 首先定义有限域 F_p 上椭圆曲线参数 params = (p, a, b, G, n, h)，这些参数必须满足文献 [12] 中的限制条件。然后将参数 params 发送给 T_s。H_s 选择其他 $t-1$ 个有 TPCM 的终端组成环。这些终端的公钥可以通过它们的公钥证书获得。

Sign：从 Initialize 子协议可知，环由 t 个有 TPCM 的终端组成，且它们的公钥分别为 Q_1，Q_2，…，Q_t。这个子协议的核心过程为，H_s 计算 U，然后发送 U 给 T_s，H_s 随机选择一个私有信息 x_s 并发送给 T_s，T_s 验证 U，然后从 TPCM 平台配置寄存器中取出平台配置摘要值，最后 T_s 把隐藏属性证书 M 发送给 H_s。H_s 从环方程解出 y_s'，T_s 根据 y_s' 解出 x_s'，并返回给 H_s，最后 H_s 产生一个 $2t+1$ 维的签名 σ。

Verify：收到证书信息 M 和签名 σ 后，H_v 验证签名 σ 是否成立，如果 H_v 验证不成立，则拒绝该签名。

Interactive：一旦验证者 V 接受签名，验证者 V 判断是否资源请求者具备要求的属性，然后为合法的请求者提供资源。

Link：当验证者 V 想要知道两个签名 σ_0 和 σ_1 是否可链接时，即是否是使用同一个 TPCM 的私钥 d'_c 签名而得时，验证者 V 使用验证算法 Verify 验证它们的有效性。根据验证结果，判断验证者 V 的输出，如果为1，表示两个签名可链接，如果为0，表示两个签名不可链接。

TPCM-RAAA 方案使用环签名代替原来 DAA 中的群签名。因此，在环中没有管理者。这使得验证者必须验证环成员以保证收到的签名不是来自于一个已被攻破的 TPCM 终端。此方案结合我国的可信网络连接标准架构，使用 TPCM 及其宿主联合签署的隐藏属性证书来防止平台状态配置信息的暴露，使用环签名来实现远程证明过程中平台匿名性的要求，使得平台在完成远程证明的同时最少地泄露信息。而且，在整个证明过程中不需要使用零知识证明和私有 CA 的参与，提高了执行效率。然而，TPCM 不适用于资源受限的低功耗嵌入式设备。

2.2.2 基于 TPM 的认证方案

TPM v1.1 规范首次提出了基于 PCA（privacy certificate authority）的身份认证方案。之后的 TPM v1.2 规范提出了基于 CL（camenish lysyanskaya）签名的 DAA 匿名认证方案[13]，此后出现了多种改进的 DAA 方案[2]。TPM v2.0 规范在加密算法、密码原语和根密钥等方面进行了改进和完善。

刘景森和戴冠中[14]基于 TPM 提出了一种可信的在线服务系统方案 TOSS。与传统在线服务系统相比而言，此系统方案基于用户等级，并且支持匿名访问、时限控制和服务分级等。徐贤等[15]提出一种基于 TPM 的强身份认证方案，能实现跨平台认证，并支持协议的扩展。此认证方案的交互关系如图 2-7 所示。客户端首先基于 TPM 创建公私钥对（PKI，SKI），并将 PKI 发送给服务器端。当服务器要验证客户端身份时，服务器产生一个随机数 r，并发送给客户端。客户端收到 r 后，利用私钥 SKI 对 r 签名，并把签名结果 S 发送给服务器端。服务器端收到 S 后，访问映射表，并进行身份验证。

基于 TPM 的认证主要应用于主机或者服务器平台[16]，针对低功耗嵌入式设备方面，Feng 等[17]于 2002 年提出了便携式 PTPM，即 portable TPM。PTPM 是一种精简的 TPM，但同样具有 TPM 的安全存储、密钥生成及数字签名等功能，适用于资源受限环境下低功耗嵌入式设备中的身份认证[18]。韩磊等结合公钥密码体制和 PTPM，提出一种基于 PTPM 的 Ad Hoc 网络非对称密钥管理方案。此方案通过密钥预分配的方式降低密钥管理过程中的通信开销，并利用 PTPM 保证节点中密钥的安全[19]。王中华等提出一种云环境下基于 PTPM 和无证书公钥的身份认证方案，用于云环境下用户与云端之间身份认证[20]。在云环境中，用户可以用通过任意终端设备与云端进行认证，也可以多用户通过一台终端设备来

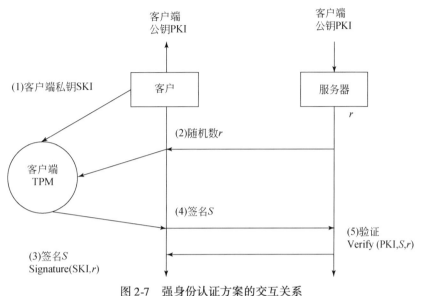

图 2-7 强身份认证方案的交互关系

完成用户与云端间的身份认证。多用户利用一台终端设备与云端进行认证和单用户利用多台终端设备与云端进行认证示意图分别如图 2-8 和图 2-9 所示，利用 PTPM 保证了终端平台的安全可信。

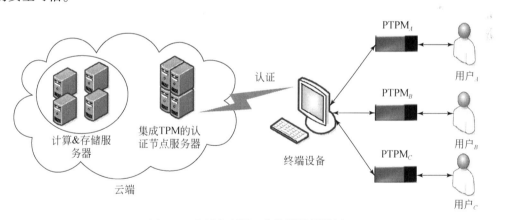

图 2-8 多用户利用一台终端进行认证

用户与远程云端间的双向认证主要包括两个阶段，一个是用户先期注册阶段，另一个是用户登录认证阶段。注册阶段中，持有 PTPM 硬件模块的用户 $user_i$ 根据口令 psw_i 和身份标识 ID_i 等信息，通过 PTPM 模块得到注册请求信息 $Register_{req}$，并把 $Register_{req}$ 发送至远程云端。远程认证节点服务器收到 $Register_{req}$ 后，利用远程认证节点服务器嵌入的 TPM 芯片根据 $user_i$ 的公钥验证用户签名信息。验证通过之后，此节点服务器保存用户注册信息，并向用户发送注册成功消息。认证阶段中，$user_i$ 发送 ID_i 和 Hash（$ID_i \parallel psw_i$）等信息给远程认证节点服务器。远程认证节点服务器收到信息并验证后，根据注册阶段生成的秘密

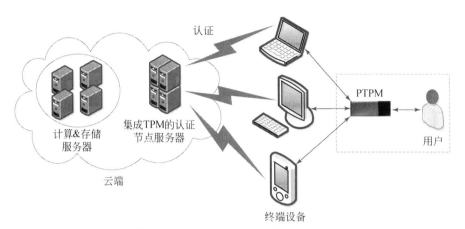

图 2-9 单用户利用多台终端进行认证

值生成 key，利用 HMAC 算法[21]计算对应认证响应信息 Authentication$_{res}$。用户收到 Authentication$_{res}$后，验证其正确性，若验证通过，即完成对远程认证节点服务器的身份认证，并返回给远程认证节点服务器一个响应信息。远程认证节点服务器通过验证此响应信息来判断 user$_i$ 的身份。上述计算过程均在 TPM 和 PTPM 中完成，确保了计算结果的安全可信。同时，利用 PTPM 的便携性，扩大了基于 TPM 身份认证方案的服务范围。

2.2.3 基于 PUF 的认证方案

PUF 种类较多，根据实现方式的不同，可以分为环形振荡器 PUF（RO PUF）、静态随机存储器 PUF（static random acess memory PUF，SRAM PUF）、蝴蝶 PUF（butterfly PUF）等[22~24]。作为唯一标识设备，振荡频率用于 RO PUF，存储单元初始值用于 SRAM PUF 和 butterfly PUF。上述 PUF 与基于延迟的 PUF 相比，基于延迟的 PUF 电路设计简化而小巧。

Gassend 等[3]认为复杂的集成电路可以看成一个 PUF，具有唯一性，并首次提出了基于 PUF 的认证协议。PUF 的原理是利用半导体器件在制造过程中的差异带来的固有物性特征，为组件提供唯一物理身份标识，从而实现组件的认证。针对超轻量级 tag 标签，Bassil 等[25]提出了一种基于 PUF 与循环移位操作的 RFID 安全认证方案，该方案需在验证方后端数据库存储大量 CRP，不利于应用程序的后期扩展。

基于延迟的 PUF 因结构简单，易遭受建模攻击[26]。为阻止此类攻击，可采用多 PUF 并联的方式得到经过异或操作的输出结果。多 PUF 拥有更好的雪崩效应，即输入激励一位数据的翻转将导致输出响应 50% 位数据的变化。PUF 提供了基于组件物性特征身份认证的基石，此后 Suh 和 Devadas[7]进一步利用多 PUF 异或的方式提高了 PUF 输出结果的统计特性，使得输出 "0" 和 "1" 的概率在统计上近似相等，阻止单一 PUF 认证时的建模攻击。并联 PUF 数越多，建模复杂度越高，建模时间跨度越大（大于一年）[27,10]，然而也导致输出结果正确率降低。

基于延时多 PUF 异或输出的延迟电路如图 2-10 所示，电路左边为多 PUF 电路，其输出响应在电路右边，经过异或操作之后，输出一个响应结果。此多 PUF 异或电路，增强了 PUF 模型的建模复杂度，提高了电路安全。

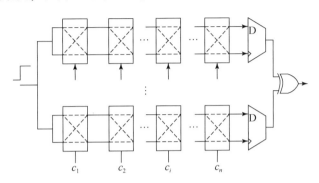

图 2-10 基于延迟多 PUF 异或电路

Rostami 等[27]、Majzoobi 等[10]利用 PUF 模型和子字符串匹配的方式，进一步增强了基于 PUF 认证的安全性。字符串匹配可以容忍 PUF 响应中一定程度噪声，同时不需要额外的纠错或者模糊提取模块。基于子字符串匹配认证如图 2-11 所示。给定 PUF 响应字符串，字符串匹配时，首先随机生成一个随机索引值，如取值为 4，其次，根据 Len（长度）选择子字符串 "001010"，最后以 "001010" 和随机比特值生成一个新的字符串，并发送给验证端。验证端接收到新的字符串后，对 PUF 模型响应字符串和 "001010" 进行字符串匹配，可利用汉明距离度量其匹配结果。若度量结果小于给定阈值，认证成功，否则，认证失败。

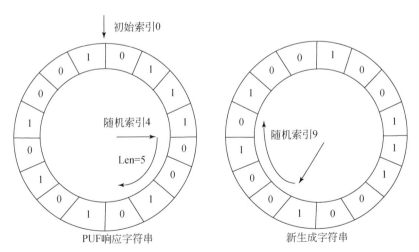

图 2-11 子字符串匹配

上述设备认证方法总结详见表 2-1。

表 2-1 设备认证方法

分类	方法名称	优点	不足
基于 TPM	DAA	安全性高	不适用资源受限环境
基于 PTPM	文献[20]	适用于低功耗嵌入式设备	不适用资源受限环境
基于 PUF	文献[7]	功耗低，建模复杂度高	不利于程序后期扩展
	文献[25]	功耗低，支持双向认证	不利于程序后期扩展
	Slender PUF	功耗低，易扩展	伪随机数发生器存在隐患
	文献[27]	功耗低，建模复杂度高	伪随机数发生器存在隐患

2.3 数据隐私概念、模型及发布策略

差分隐私相对传统隐私保护模型具有巨大优势，但满足差分隐私的同时会牺牲一定数据可用性。隐私预算的大小决定了邻近数据集上查询结果的相似程度。隐私预算越小，输出结果中，添加噪声越大，数据越安全，但是数据的可用性越小；隐私预算越大，添加噪声越小，数据安全性越低，数据的可用性越大。简而言之，差分隐私中数据安全性和可用性是一对矛盾关系。为此，隐私保护的目标是确保高隐私保护水平的同时，保证数据查询结果的精确[28]。目前常通过相对误差[29]、绝对误差[29]、方差[30,31]、标准差[29]、负误识[32]等方法来评估算法的优劣。

2.3.1 差分隐私

差分隐私是一种基于数据失真的隐私保护技术[33]，是一个相对较新的隐私概念[34]，同时，也是最流行的隐私概念之一。差分隐私对数据集进行查询时，某条用户记录在或者不在数据集中，对最后的查询结果几乎没有影响，攻击者不能从中推断出任何关于此记录的信息，从而保护用户隐私。差分隐私形式化定义如下。

定义 2-2 差分隐私：

假设 D 和 D' 为任意两个只相差一条记录的邻近数据集，记为 $|D \Delta D'| = 1$，给定一个随机算法 $A: D \rightarrow R$，Range (A) 为算法 A 在 D 和 D' 上所有可能输出结果构成的集合，对于算法 A 任意输出结果 O，$[O \subseteq \mathrm{Range}(A)]$，若算法 A 满足

$$\Pr[A(D) \in O] \leqslant e^{\epsilon} \cdot \Pr[A(D') \in O] \tag{2-2}$$

则称算法 A 满足 ϵ –差分隐私。其中，ϵ 称为隐私预算，ϵ 越小，安全性越高，然而，可用性越差，通常 ϵ 取值较小，如 0.01、0.1、0.5 等。

ϵ –差分隐私中，随机算法 A 在邻近数据集 D 和 D' 上的输出概率如图 2-12 所示，输出概率之差小于等于 e^{ϵ}。

算法 A 通过拉普拉斯机制对输出结果进行加噪扰动，即 $A(D) = f(D) + \mathrm{noise}$，式中，$f$ 为平均值、计数、求和等查询操作；noise 为服从拉普拉斯分布的随机噪声。曲线差距越

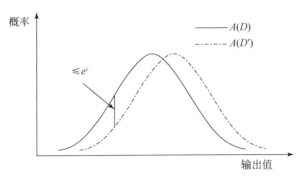

图 2-12 算法 A 在邻近数据集 D 和 D' 上的输出概率

小，说明安全性越好，隐私保护越强。

一个简单事例如下：表 2-2 为用户健康数据集，它提供查询患某种疾病人数的计数服务 $f(x) = \mathrm{count}(\cdot)$。在不做隐私保护之前，攻击者只需通过查询包含 Alice 在内 4 人中状态为 Yes 的人数 count(4) 与不包含 Alice 在内 3 人中状态为 Yes 的人数 count (3)。由 count(4) − count(3) = 1，即可以推断得知 Alice 为某疾病患者。此时，用户健康隐私信息被泄露。

表 2-2 健康数据集

姓名	状态
Tim	No
Bob	Yes
Tony	No
Alice	Yes
…	…

若向计数函数的输出结果添加一个随机噪声，使得两次的计数结果以较大概率落入同一范围，如 count (3) = {1, 1.5, 2}，count (4) = {1, 1.5, 2}，那么攻击者就不能再通过前述的攻击方式获知 Alice 的真实数据，因为 count (4) 和 count (3) 都可能输出 1.5，结果 count (4)−count (3) = 0。在这个示例当中，差分隐私给出了攻击者的最大能力，即攻击者知晓除 Alice 外的所有背景知识。

差分隐私主要通过拉普拉斯机制实现，即向输出结果中添加随机拉普拉斯噪声来保护数据安全。拉普拉斯机制形式化定义如下。

定义 2-3 拉普拉斯机制[36]：

给定数据集 D，设有函数 $f: D \to R^d$，其全局敏感度为 Δf，随机算法 $A(D) = f(D) +$ noise 提供 ϵ –差分隐私，其中，noise 服从位置参数为 0，尺度参数为 $\Delta f/\epsilon$ 的拉普拉斯分布，即 noise ~ Lap（$\Delta f/\epsilon$）。

全局敏感度 Δf 定义如下。

定义 2-4　全局敏感度[36]：

对于任意一个函数 $f: D \to R^d$，函数 f 的全局敏感度 Δf 为

$$\Delta(f) = \max_{D, D'} \| f(D) - f(D') \| \tag{2-3}$$

式中，$| D \Delta D' | = 1$，R 为映射的实数空间，d 表示维度，$\| f(D) - f(D') \|$ 是 $f(D)$ 和 $f(D')$ 间的一阶范数距离，通常对于计数操作来说，其全局敏感度为 1。

在拉普拉斯机制中，若 $\mathrm{Lap}(b)$ 表示位置参数为 0，尺度参数为 b 的拉普拉斯分布，则其概率密度函数为 $p(x) = \left(\dfrac{1}{2b}\right) e^{-|x|/b}$，根据不同尺度参数的拉普拉斯分布可以看出，尺度参数 b 越大，ϵ 越小，最后向输出结果中添加的噪声越大。不同尺度参数下的拉普拉斯概率密度函数如图 2-13 所示。

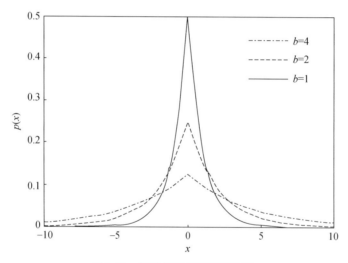

图 2-13　拉普拉斯概率密度函数

若添加噪声服从拉普拉斯分布 noise ~ Lap (Δ/ϵ)，设标准差为 $\sigma(x)$，方差为 $D(x)$，有 $\sigma(x) = \sqrt{D(x)}$，$D(x) = 2b^2$，$b = \Delta f/\epsilon$，则方差 $D(x) = 2b^2 = 2 (\Delta f/\epsilon)^2 = 2\Delta f^2/\epsilon^2$，标准差 $\sigma(x) = \sqrt{2\Delta f^2/\epsilon^2} = \sqrt{2}\, \Delta f/\epsilon$。

拉普拉斯机制针对的是数值型数据发布，非数值型数据发布通常采用指数机制[37]。对于非数值型查询结果，如何满足差分隐私定义，指数机制给出了一个量化可控方案。指数机制首先定义了一个打分函数 $u: D \times O \to R$，最终的输出结果 $r \in O$，打分函数的敏感度定义为

$$\Delta u = \max_{r \in O} \max_{D, D'} \| u(D, r) - u(D', r) \| \tag{2-4}$$

指数机制中打分函数敏感度与拉普拉斯机制类似，改变数据集 D 中任意一条输入记录对打分的最大影响。在此基础上，指数机制被定义如下。

定义 2-5　指数机制[37]：

设输入数据集为 D，输出结果 $r \in O$，打分函数 $u: D \times O \to R$，记为 $u(D, r)$，Δu 为

打分函数的敏感度，如果随机算法 A 以正比于 $\exp[\epsilon u(D,\ r)/2\Delta u]$ 的概率从输出集合 O 中选择输出 r，则称算法 A 满足 ϵ – 差分隐私，表达式如下：

$$A(D,\ u) = \left\{ r\ |\ \Pr[r \in O] \propto \exp\left[\frac{\epsilon u(D,\ r)}{2\Delta u}\right] \right\} \tag{2-5}$$

指数机制可以将非数值型结果按照它们各自打分值大小，以差分隐私方式输出。打分越高，被选择输出的概率越大。从上述定义可以看出，输出概率的大小与隐私预算的值有关。隐私预算 ϵ 越大，各结果输出概率之间的差异性越大，安全性越低；反之，隐私预算 ϵ 越小，各结果输出概率之间差异性越小，安全性越高。

差分隐私拥有序列组合性和并行组合性两种重要性质[38]，广泛应用于算法是否满足差分隐私的证明之中。

性质 2-1 序列组合性：

设随机算法 A_i 满足 ϵ_i –差分隐私，则序列组合算法 $A[A_i(D)]$ 满足 $\sum\limits_i \epsilon_i$ –差分隐私。

序列组合性表明，同一数据集上多次不同的差分隐私数据发布，隐私预算和误差具有线性累加性。

性质 2-2 并行组合性：

设 D_i 为数据集 D 任意不相交子集，随机算法 $A_i(D_i)$ 满足 ϵ –差分隐私，则并行组合算法 $A(A_i)$ 满足 ϵ –差分隐私。

并行组合性表明，$A_1(D_1)$，$A_2(D_2)$，$\cdots$，$A_n(D_n)$ 满足 ϵ –差分隐私，则这些算法并行组合起来的算法也满足 ϵ –差分隐私。

上述序列组合性和并行组合性性质常用于算法的差分隐私证明，同时，对隐私预算 ϵ 的合理分配也起到重大作用[39]，是差分隐私算法设计的理论支持。序列组合性和并行组合性的一般过程如图 2-14 和图 2-15 所示。

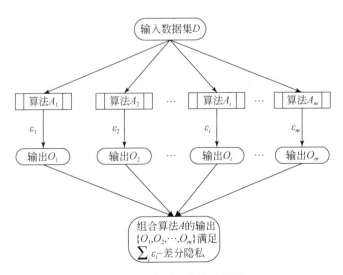

图 2-14 序列组合性示意图

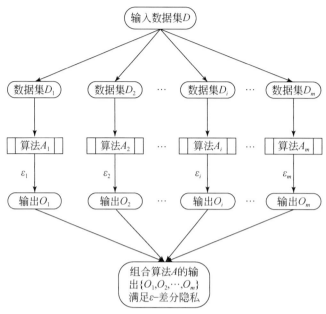

图 2-15　并行组合性示意图

2.3.2　数据处理模型与发布策略

　　基于差分隐私的数据处理模型一般有两种，分别为交互式模型和非交互式模型[40]。交互式模型也可以称之为在线查询模型，数据请求者只能通过数据拥有者对外提供的数据访问接口进行相关查询。类似，非交互式模型也可以称之为离线查询模型，数据请求者可以直接在数据拥有者对外发布的净化数据集中进行相关查询。交互式模型和非交互式模型如图 2-16 和图 2-17 所示。

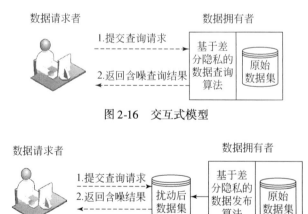

图 2-16　交互式模型

图 2-17　非交互式模型

交互式模型下，数据拥有者对外提供一个基于差分隐私的数据查询算法，数据请求者提交查询请求，数据查询算法收到请求后，从后台原始数据库获取原始数据，经过数据净化处理后，向数据请求者返回一个含噪查询结果。交互式模型查询数量有限，受隐私预算 ϵ 的限制，如果用户提交的查询数增加，在隐私预算 ϵ 不变的情况下，为每次查询分配的隐私预算减少，会使得最后返回结果中添加的噪声过大，导致数据不可用。此模型下，如何设计基于差分隐私的查询算法，能在有限的隐私预算 ϵ 下对外提供尽可能多的查询次数是关键。

非交互式模型下，数据拥有者作为一个可信实体，发布一个经过净化处理后的数据集，数据请求者提交查询请求，净化后的数据集收到查询请求后，向数据请求者返回一个含噪结果。非交互式模型不受隐私预算 ϵ 的限制，查询次数不限，此模型下，如何设计高效的基于差分隐私的数据发布算法，提高查询精度、确保返回结果的可用性是关键。

差分隐私研究主要是基于交互式和非交互模型展开，基于差分隐私的数据发布算法大致分以下三种策略。

策略一：设原始数据为 D，数据发布算法包括 M 步。在每步操作中，首先，向数据添加噪声 Lap (M/ϵ)，一般为均匀隐私预算分配，每一步均分 ϵ/M 预算。其次，得到含噪数据后，可进一步通过后置处理对含噪数据 $\tilde{D}$ 进行优化，以增强数据可用性，如最小二乘法[40,41]。最后，对外发布后置处理过后的数据。策略一数据基本发布流程如算法 1 所示。

算法 1　策略一

输入:Original data D ,privacy budget ϵ ,step length M

输出:Sanitized data $\tilde{D}$

1: for step i of M do

2: $\tilde{D}$ ←perturb D by $Lap(\lambda)$, $\lambda = M/\epsilon$

3: end for

4: $\tilde{D}$ ←post-processing($\tilde{D}$)

5: return $\tilde{D}$

策略二：设原始数据为 D，数据发布算法包括 M 步。在扰动数据之前，首先，对原始数据进行转换或者压缩，以降低函数 f 的敏感度 Δf。例如，图结构数据可以转换成为树结构数据[42]。其次，向转换后数据 D' 中添加随机扰动噪声 Lap (M/ϵ)，一般为均匀隐私预算分配，得到加噪后数据 $\tilde{D}$。最后，将加噪后数据 $\tilde{D}$ 对外发布。策略二数据基本发布流程如算法 2 所示。

算法 2　策略二

输入:Original data D ,privacy budget ϵ ,step length M

输出:Sanitized data $\tilde{D}$

1: D' ←transforming(D)

2: for step i of M do

3：$\tilde{D} \leftarrow$ perturb D' by Lap(λ)，$\lambda = M/\epsilon$

4：end for

5：return $\tilde{D}$

策略三：设原始数据为 D，数据发布算法包括 M 步。在每一步操作之中，向数据添加噪声 Lap(ϵ_i)，一般为非均分隐私预算分配，如等比预算分配[43]。通过合理设置隐私预算 ϵ 分配方案，以降低数据发布误差，提高数据可用性。策略三的数据基本发布流程如算法 3 所示。

算法 3　策略三

输入：Original data D，privacy budget ϵ，step length M

输出：Sanitized data $\tilde{D}$

1：for step i of M do

2：$\tilde{D} \leftarrow$ perturb D by $Lap(\Delta f/\epsilon_i)$，$\epsilon_i \neq \epsilon_j$，$\sum_{i=1}^{M} \epsilon_i = \epsilon$

3：end for

4：return $\tilde{D}$

以上三种数据发布策略，可以单独使用，也可以混合使用。例如，针对某种数据发布方法，可以先采用策略三，对隐私预算进行合理分配。然后，采用策略一，通过后置处理技术进一步降低数据发布误差并提高数据可用性。

2.4　差分隐私发布策略

2.4.1　空间数据发布

为了更好地分配隐私预算，增强数据可用性，基于树结构提出了一系列空间数据划分方法，统称为"隐私空间分解"。它主要是将一个空间划分成一个个小空间，然后统计每个小空间中的点数值。在对数据进行划分时，如果此划分暴露了数据隐私，则称之为数据依赖的划分，反之，称之为数据独立的划分。例如，对数据空间按照中值进行划分，暴露了中值数据，为数据依赖的划分。在水平和垂直方向上从数据空间的正中对等划分[44]，为数据独立的划分。

1. 数据依赖的划分

利用 kd-树对数据进行划分，需使用中值。然而，中值暴露了数据信息，属于数据依赖的划分。如图 2-18 所示，节点<5，4>在 kd-树划分中暴露了自己。为保护节点真实数据，需要向节点添加噪声。

设数据 $D = \{x_1, x_2, \cdots, x_n\}$，$x_i \in [l, r]$，$D$ 中数据按非降序排列，其中值为 x_m，向中值中加入随机噪声 noise，$A(D) = x_m + noise$，noise $\sim$ Lap(λ)，可能使得加噪中值超

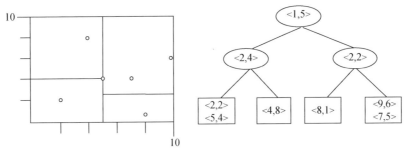

图 2-18　kd-树划分

出数据 D 的范围，即 $A(D) \notin [l, r]$。为此，Inan 等[30,45]针对数值型数据，提出用均值代替中值的方法，隐私均值可以用噪声总和除以噪声计数得到。然而，此方法不能保证均值与中值的近似程度。

Xiao 等[46,47]在基于 kd-树的索引结构中，先为原始数据分配 $\epsilon/2$ 隐私预算，然后再构造 kd-树，用加噪后的数据计算中值，确保了中值的隐私性。

Cormode 等[43]在 kd-树的索引结构中，提出一种通过指数机制[37]判断中值的方法 EM（exponential mechanism）。EM 在数据集 D 中选取输出 x 时，以下式所示的概率进行选择。$\Pr[EM(D) = x] \propto e^{-\frac{\epsilon}{2}|\mathrm{rank}(x) - \mathrm{rank}(x_m)|}$，其中，$\mathrm{rank}(x)$ 表示 x 在数据 D 中的排名，通过指数机制选出一个与中值 x_m 近似的值，以保护中值隐私。选出后，为中值 x_m 分配 $\epsilon_{\mathrm{median}}$ 隐私预算，为计数分配 $\epsilon_{\mathrm{count}}$ 隐私预算，两者和为 ϵ。当增加 $\epsilon_{\mathrm{median}}$ 时，数据中值更加精确，但计数误差较大，相反，当减少 $\epsilon_{\mathrm{median}}$ 时，数据中值误差较大，而计数更加精确。如何分配隐私预算，均衡两者误差是值得考虑的问题。

2. 数据独立的划分

Cormode 等[43]基于四叉树提出 Quad-opt 算法。此算法利用完全四叉树对数据空间进行划分，划分时，不暴露数据信息，属于数据独立的划分，如图 2-19 所示。划分时，在横纵轴中点上进行划分，把数据 a 分成四等份 b_i，$i = 1$，2，3，4。然后，对子数据依次划分为四等份，直到达到预定树高 h 为止，h 从 0 算起。原始数据转换成树结构后，区别于传统的均匀分配 $\epsilon_i = \epsilon/(h+1)$，Cormode 等提出一种新颖的等比隐私预算分配策略。等比分配给四叉树每一层节点分配隐私预算 ϵ_i，$\epsilon_i = 2^{(h-i)/3}\epsilon(\sqrt[3]{2} - 1)/(2^{(h+1)/3} - 1)$，$i = 0$，1，$\cdots$，$h$，各层隐私预算满足 $\sum_{i=0}^{h} \epsilon_i = \epsilon$，等比因子为 $\sqrt[3]{2}$。最终查询 Q 的误差最小上界满足 $\mathrm{Err}(Q) \leqslant 2^{h+7}/\epsilon^2$，查询误差为查询 Q 所包含节点方差之和。查询时，Quad-opt 能够进一步用最小二乘法对数据进行后置处理，提高数据查询精度。假设为节点 a 分配隐私预算 ϵ_1，其子节点 b_i，$i = 1$，2，3，4 分配隐私预算 ϵ_0，$\tilde{x}_a$ 为节点 a 上自身含噪计数，$\tilde{x}_{b_i}$ 为节点 a 的四个子节点总的含噪计数。当 $Q(a) = 4\epsilon_1^2\tilde{x}_a/(4\epsilon_1^2 + \epsilon_0^2) + \epsilon_0^2\sum_{i=1}^{4}\tilde{x}_{b_i}/(4\epsilon_1^2 + \epsilon_0^2)$ 时，最后查询误差

$Err(Q)$ 最小，即 $\mathrm{Err}[\,Q(a)\,]=\mathrm{Var}[\,Q(a)\,]=8/(4\epsilon_1^2+\epsilon_0^2)<2/\epsilon_1^2=\mathrm{Var}(\tilde{x}_a)$。

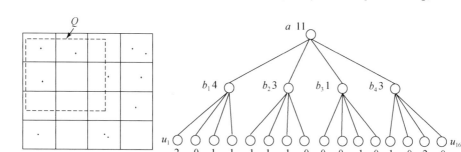

图 2-19　完全四叉树划分

若将所有隐私预算全部分配给叶子节点，等价于直接将数据划分为 $w\times w$ 个单元格。此时，当数据比较稀疏时，向每个单元格中分别添加噪声，会导致较大相对误差，从此受到启发，Fan 等[29]提出四叉树算法，将相似单元格合并到一个组/划分中以克服数据的稀疏性。在对数据进行划分前，先根据专业知识对每个单元格预分类，是属于稀疏型还是密集型。数据划分时，若当前节点下所有单元格类型一致，则此节点是均匀分布，不需划分，否则，需要划分，直到节点满足均匀分布或者达到预定树深为止。数据划分完成后，向每个划分 p_i 中添加噪声 noise，则此划分中，每个单元格噪声为 noise/p_i·size()，p_i·size() 为此划分中单元格个数。最终，通过单元格的合并，在确保隐私安全的前提下，降低添加噪声，提高数据可用性。

基于四叉树或者 kd-树的划分适合于一维或者二维数据，Qardaji 等[48]针对二维数据，提出了基于均匀网格（可看成一棵 n 叉树）划分方法（UG 方法）和自适应网格划分方法（AG 方法）。基于网格划分方法包含两种误差，一类是添加拉普拉斯噪声引入的噪声误差，另一类是假设划分的单元格为均匀分布引入的均匀假设误差，正比于与查询 Q 四个边界相交叉的单元格中点集数，最后的查询误差 $\mathrm{Err}(Q)$ 受上述两类误差影响。

UG 方法是将数据空间划分为 $w\times w$ 单元格，对于查询 Q，查询误差 $\mathrm{Err}(Q)=\sqrt{2r}w/\epsilon+\sqrt{r}N/\epsilon c_0$，式中，$N$ 为数据点计数；ϵ 为隐私预算；r 为查询 Q 的面积与数据空间总面积的比值；c_0 为一个常数。网格划分粒度 w 是影响查询结果精度的重要因素，最后，给出了划分粒度的 w 取值，即 $w=\sqrt{N\epsilon/c}$，$c=\sqrt{2}c_0$，式中，c 为和数据集相关的较小常数，一般取 10。

UG 方法中，不管是稀疏还是密集型单元格地位相等。当单元格为稀疏时，噪声误差过大，当单元格为密集时，均匀假设误差过大。为了平衡两种误差，Qardaji 等进一步提出 AG 方法。当单元格为稀疏时，划分粒度粗些，可以减少噪声误差，当单元格为密集时，划分粒度细些，可以减少均匀假设误差。

AG 方法首先将数据空间划分为 $w_1\times w_1$ 粗粒度的单元格，若某单元格 c_i 中数据点过于密集，则将此单元格进一步划分为 $w_2\times w_2$ 细粒度的单元格，并为粗单元格和细单元格分别分配 $\alpha\epsilon$ 和 $(1-\alpha)\epsilon$ 隐私预算，式中 $0<\alpha<1$。为了均衡噪声误差和均匀假设误差，设置划分粒度 $w_1=\max(10,\,0.25\sqrt{N\epsilon/c})$，$w_2=\sqrt{2\tilde{x}_i(1-\alpha)\epsilon/\sqrt{2}c_0}$，式中，$\tilde{x}_i$ 为单元格 c_i

噪声计数。然而，单元格均匀假设误差正比于与查询 Q 交叉单元格中点集数，存在一定误差。网格结构划分方法 UG 方法、AG 方法如图 2-20 所示。

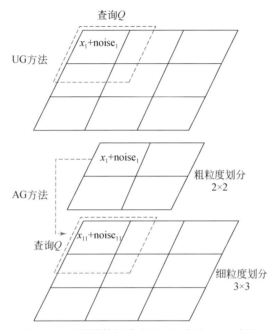

图 2-20　网格结构划分方法 UG 方法、AG 方法

上述基于差分隐私空间分解的数据发布方法总结见表 2-3。

表 2-3　空间数据发布方法

方法名称	策略	优点	不足
Quad-opt 算法	策略二、策略三	效率高，支持任意范围查询	稀疏数据查询误差较大
四叉树算法	策略二	噪声误差较小	近似误差较大
kd-树划分	策略二	查询精度高	不适合高维数据
UG 方法	策略一	支持任意范围查询	预算分配不均
AG 方法	策略一	均衡噪声误差和均匀假设误差	不适合高维数据

综上，在数据独立的划分中没有树结构本身泄露隐私数据的风险，但是，如何降低添加噪声大小并提高数据可用性是需要研究的问题。Fan 等在数据分类中，只有稀疏和密集两种类型，数据划分过于粗糙，如何基于方差或者信息熵对数据进行细分以提高查询精度是未来研究的方向之一。在数据依赖的划分中，因树结构本身会泄露数据隐私，所以需为隐私数据（如中值）分配隐私预算，如何均衡隐私预算的分配，以提高查询精度是未来研究的方向之一。

2.4.2 时序数据发布

在数据发布中，数据发布者会遇见连续型的时序/流数据的发布。例如，所有非农业品私营企业就业人数统计数据①，如图 2-21 所示。不同于基于空间划分的静态空间数据差分隐私发布，动态的流数据需对每一时刻数据进行处理，并在后期对扰动数据进行优化。时序数据关联性强，有时间跨度，若总时长为 T ，对 T 中某个时间点数据 x_t 添加噪声 $noise_t$ ， $noise_t \sim Lap$ （ T/ϵ ）。随着总时间 T 的延长，添加噪声过大，导致数据可用性降低。

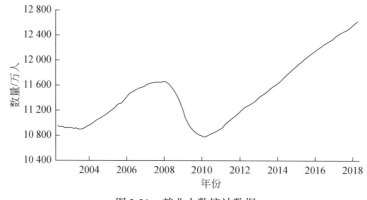

图 2-21　就业人数统计数据

为降低误差，针对时序关联数据，Rastogi 和 Nath[49] 提出基于离散傅里叶转换（discrete fourier transcform，DFT）的 DFT_k 算法。对时序数据 D ，首先执行 DFT 转换 $F = DFT(D)$ ，并保留前面 k 个 DFT 系数。其次，向 k 个 DFT 系数中添加拉普拉斯噪声，并对加噪后数据 $\tilde{F}$ 进行 DFT 逆操作 $\tilde{D} = IDET(\tilde{F})$ 。最后，发布含噪数据 $\tilde{D}$ 。然而，由于 DFT_k 算法要在整个时间序列上进行 DFT 和逆转换，不适合实时环境下应用[29]。

为了提高实时环境下算法的执行效率和查询精度，针对实时交通监测数据，Fan 等[29] 提出一种基于时间建模的数据发布 Kalman（卡尔曼）算法。差分隐私交通监测数据发布框架如图 2-22 所示，在每一时刻，输入原始数据通过拉普拉斯机制进行扰动，并通过 estimation 模块对扰动数据进行后置处理，最后对外发布处理后扰动数据。

给定空间 G 中数据 D ，首先把数据空间 G 划分为 $w \times w$ 的单元格，并把时间 T 离散化。单元格 c 的计数为 $X^c = \{x^c \mid c \in G\}$ ， x^c 为单元格 c 的计数，时刻 k 的数据为 $X_k^c = \{x_k^c \mid 0 \leqslant k < T\}$ ，所有单元格在 G 中数据为 $X^G = \{X^c \mid c \in G\}$ 。其次，根据数据信息的位置、人口、道路等信息对 X^c 进行建模，模型如下式所示， $x_{k+1}^c = x_k^c + \omega^c$ ， $p(\omega^c) \sim N(0, Q^c)$ 。每个时刻 k ，向单元 c 中添加拉普拉斯噪声， $z_k^c = x_k^c + v$ ， $v \sim Lap(1/\epsilon_0)$ ，其中 $\epsilon_0 = \epsilon/T$ ，为均匀分配。后置处理时，为采用卡尔曼滤波（Kalman filter，KF）[50,51] 时计算方便，将噪

---

① https：//fred. stlouisfed. org/series/NPPTTL.

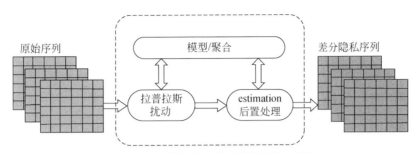

图 2-22　差分隐私交通监测数据发布框架

声 v 用高斯分布代替，$v \sim N(0, R)$。最后，将扰动数据 R^G 对外发布。利用数据内在的时序模型和后验评估，提高了数据查询精度，同时，计算开销较小，时间复杂度为 $O(kw^2)$，$k = O(1)$。

在时间 T 内，如果数据抽样过密，会在数据中引入过多的噪声，抽样过疏，数据的近似误差较大，数据不精确。如何选择合适的抽取样频率是需要考虑的问题。在 Fan 等随后的研究中，针对此问题，提出了动态抽样 FAST 算法[52,53]。FAST 算法根据数据变化趋势，动态调整抽样频率 F，$F \leqslant T$。如果数据变化大，则抽样频率加大，反之，减小抽样频率。数据变化趋势通过反馈误差 E_{k_n} 来判断，$E_{k_n} = |\hat{x}_{k_n} - \hat{x}_{k_n}^-| / \max\{\hat{x}_{k_n}, \delta\}$，式中，$\hat{x}_{k_n}$ 和 $\hat{x}_{k_n}^-$ 分别为第 $n(0 \leqslant n < F)$ 个抽样点在时刻 $k_n(0 \leqslant k_n < T)$ 的后验估计值和先验估计值；δ 为用户指定参数，一般设置为 1。由于数据原因，采样的实际频率不固定，是动态的，为了在最短时间达到最优采样频率，FAST 算法动态调整采样频率时，采用 PID（proportional integral derivative）[54] 控制器来调整采样频率。首先，将反馈误差 E_{k_n} 作为 PID 算法的输入，得到输出 PID 误差 Δ，如下式所示，$\Delta = C_p E_{k_n} + C_i \sum_{j=n-T_i+1}^{n} E_{k_j} / T_i + C_d (E_{k_n} - E_{k_{n-1}}) / (k_n - k_{n-1})$，式中，$C_p$、$C_i$、$C_d$ 分别为 PID 控制器的比例、积分和微分部分。其次，调整之后的采样频率 I' 如下式所示，$I' = \max\{1, I + \theta[1 - e^{(\Delta - \xi)/\xi}]\}$，式中，$\theta$ 和 ξ 为用户指定参数。采用动态抽样的 FAST 算法降低了噪声误差，从 $O(T)$ 降低到 $O(F)$。数据发布算法 FAST 的框架如图 2-23 所示。

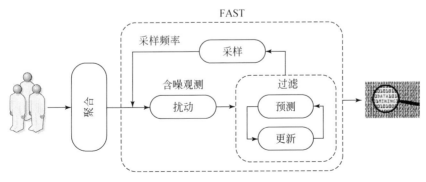

图 2-23　FAST 框架

利用时序数据间的富关联性，针对实时网页浏览行为数据，Fan 等借鉴用户级隐私框架 FAST，进一步提出了会话级的隐私保护算法 U-KF[55]。U-KF 利用状态空间模型[56]、对时序数据建模和分析。为提高数据的可用性，采用 KF 对数据进行后置处理。给定原始数据 $\{x_k^i\}$，$i = 1$，$\cdots$，m，x_k^i 表示在 k 时刻浏览 $page_i$ 的会话数。首先，在预测阶段，根据先前后验估计 $\hat{x}_{k-1}^i$ 预测当前时刻先验估计 $\hat{x}_k^{i-}$，"^" 表示状态估计，"−" 表示先验估计。其次，计算扰动值 z_k^i，$z_k^i = x_k^i + v_k^i$，$v_k^i \sim \mathrm{Lap}(l_{max}/\epsilon)$，$l_{max}$ 为时序最大长度。再次，在纠正阶段，根据扰动值 z_k^i 得到后验估计 $\hat{x}_k^i$，$\hat{x}_k^i = \hat{x}_k^{i-} + K_k^i(z_k^i - \hat{x}_k^{i-})$，$K_k^i$ 为卡尔曼增益[51]。最后，对外发布隐私数据 $\{r_k^i\}$，$i = 1$，$\cdots$，m。U-KF 是单变量的时序方法，计算时间正比于页面数 $O(m)$，计算效率和精度高。然而，仅支持单一服务器上页面请求，不支持多服务器浏览请求。

流数据发布算法中，当时间 T 无限延长，此时每一时刻数据中添加噪声过大，发布数据可用性过低。针对实时无限流数据发布，Kellaris 等[57]提出一种 w-event ϵ-差分隐私。w-event 差分隐私不同于一般的事件型隐私保护方案，它考虑了事件间分配隐私预算的吸收再利用，并且实现了 w 时间窗口内任意事件的隐私保护。显然地，当 w 趋于无穷大时，该方案即为 w-event 无限流差分隐私。w-event ϵ-差分隐私定义如下：

定义 2-6 w-event ϵ-差分隐私[57]：

假设机制 M 以任意大小的流数据前缀作为输入，并假设 $\mathcal{O}$ 为 M 所有可能输出的集合。对于所有 $O \subseteq \mathcal{O}$ 和时刻 t，在 w-邻近数据集 S_t，S'_t 上，若

$$\Pr[M(S_t) \in O] \leqslant e^{\epsilon} \cdot \Pr[M(S'_t) \in O] \tag{2-6}$$

则称机制 M 满足 w-event ϵ-差分隐私。

w-event 差分隐私基于 w-邻近数据集之上，w-邻近数据集与邻近数据集定义类似，其定义如下。

定义 2-7 w-邻近数据集[57]：

假设 w 为一个正整数，给定两个流数据前缀 S_t 和 S'_t，若

（1）对任意 $i \in [t]$，若 $S_t[i] \neq S'_t[i]$，则 $S_t[i]$，$S'_t[i]$ 为邻近数据集。

（2）对任意 $S_t[i_1]$，$S_t[i_2]$，$S'_t[i_1]$，$S'_t[i_2]$，当 $i_1 < i_2$，有 $S_t[i_1] \neq S'_t[i_1]$ 且 $S_t[i_2] \neq S'_t[i_2]$，满足 $i_2 - i_1 + 1 \leqslant w$。

则 S_t 和 S'_t 称为 w-邻近数据集。

Kellaris 等在 w-event 差分隐私基础上，给出一种无限流发布方法 BA。BA 在每一时刻 i，判断当前时刻数据 c_i 和上一时刻发布数据 o_l 间相似度，根据相似度判断对外发布数据。在时刻 i 的发布机制 M_i 如图 2-24 所示。

图 2-24 中，发布机制 M_i 分为两个部分，一部分为相似度计算模块 $M_{i,1}$，另一部分为隐私发布模块 $M_{i,2}$。$M_{i,1}$ 根据当前数据集 D_i 中数据 c_i 和前一时刻发布数据 o_l，$o_l \in \{o_1$，o_2，$\cdots$，$o_{i-1}\}$ 计算两者之间的相似度。$M_{i,2}$ 根据相似度判断当前时刻输出结果 o_i 的具体值。要么为 c_i 分配隐私预算（根据 ε_1，ε_2，$\cdots$，ε_{i-1} 计算），扰动后输出；要么用上一时刻发布数据 o_l 近似。

Wang 等[58]基于 w-event 差分隐私，提出一种无限时空众包数据发布方案 Rescue DP。

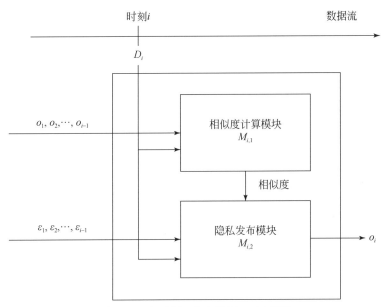

图 2-24 在时刻 i 发布机制 M_i 示意图

此方案中，可信服务器通过 Wifi 热点或者蜂窝网络收集用户位置信息，服务器通过收集到的数据创建一个数据库 D，并根据数据库 D 计算每一个区域内位置点的统计值。为保护用户隐私，不能直接发布原始流数据，最终以 w -event 差分隐私对外发布加噪扰动后的数据。此方案能动态地将统计值较小区域合并为一个划分，以减小噪声误差，流数据发布方案 RescueDP 框架如图 2-25 所示。

图 2-25 中，D_i 表示当前时刻 i 创建的数据库，其中每一行代表一个用户，每一列表示用户在一个区域出现的事件是否发生。若用户 u 在时刻 i 出现在区域 j，则数据库中第 u 行的第 j 列的值为 1，否则为 0。假设第 i 时刻的统计值为 $X_i = (x_i^1, \ x_i^2, \ \cdots, \ x_i^d)$，其中，$d$ 是所有区域的个数，x_i^j 表示用户在时刻 i 出现在区域 j 的次数。原始数据 x_i^j 需扰动后对外发布，R_i^j 表示在时刻 i 区域 j 的扰动数据，R_i 表示在时刻 i 每一个区域的扰动数据。RescueDP 根据数据变化趋势动态调整抽样频率，当数据变化剧烈时，增大抽样频率，相反，减小抽样频率。同时，根据数据的变化趋势可以调整隐私预算的分配。例如，当抽样频率较大时，滑动窗的 w 时刻中，后续抽样点较多，此时减少分配的隐私预算，使得后续抽样点拥有足够预算。若抽样频率较小，在 w 时刻中，后续抽样点较少，此时可以增大分配的隐私预算。注意到，数据变化趋势不仅用于隐私预算的分配，也用于区域动态合并，即当某些区域的统计值较为相近，同时其统计值的变化趋势较为相似，这些区域被合并为一个区域（或者划分）以减小噪声误差。RescueDP 最终发布扰动数据 R_i 之前，通过 KF 对其进行后置优化处理，将处理过后的后验估计对外发布，以提升扰动数据可用性。上述时序数据发布方法总结见表 2-4。

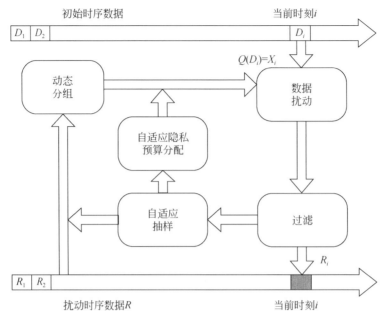

图 2-25　流数据发布方案 Rescue DP 框架示意图

表 2-4　时序数据发布方法

方法名称	策略	优点	不足
DFT_k	策略二	支持长范围查询	参数影响查询精度
Kalman	策略一、策略二	计算开销较小	受数据变化影响
FAST	策略一、策略二	自适应数据变化	增加了反馈控制预算开销
U-KF	策略二	计算效率和精度高	仅支持单一服务器上数据查询
BA	策略三	支持无限流	可对数据后置优化处理
Rescue DP	策略一、策略三	自适应预算分配、精度高	可进一步优化数据可用性

　　针对记录数据，为了提高查询精度，Xiao 等[59] 提出基于小波变换的方法 Privelet。Privelet 不直接向输入数据的频繁矩阵 M 中添加噪声，而是先利用小波变换将 M 转换成小波系数矩阵 C，然后为 C 中每个数据添加拉普拉斯噪声。最后，将加噪后的系数矩阵映射到含噪频繁矩阵 $\tilde{M}$，并对外发布。由此可知，基于小波变换的差分隐私是可行的。针对智能电表等实时流数据，Ferrández-Pastor 等[60] 指出用小波变换的方法分析用户用电数据是可行的。因此，结合小波变换的实时流数据发布是未来一个研究方向。同时，如何划分时间 T 是时序数据发布方法的关键，时间 T 的划分粒度要合适，结合数据特征，如阶梯形数据，如何自适应数据划分也是时序数据未来研究方向之一。

2.4.3　直方图数据发布

　　直方图是根据不同属性将数据集划分到不同的桶或者组中。数据请求者查询数据时，通过差分隐私接口访问原始数据，将加噪后的直方图对外发布，在对外提供查询的同时，确保数据隐私，一般流程如图 2-26 所示。

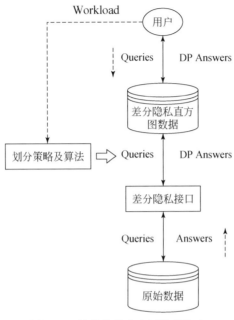

图 2-26   差分隐私直方图数据发布

最直观的方法是为直方图中每个组单独添加拉普拉斯噪声，由于每组频数统计函数的敏感度为 1，所以，每组添加的噪声数为 $\mathrm{Lap}(\Delta f/\varepsilon)$，这种方法适合单位长度和短范围长度的查询，当查询范围过大，组数 n 增大，根据噪声方差 $2n/\varepsilon^2$ 公式，会导致噪声误差过大。为了降低噪声，常采用分区的方法，将多个组划分到一个分区，此时，分区的频数为多个组频数的平均值，如图 2-27 所示。

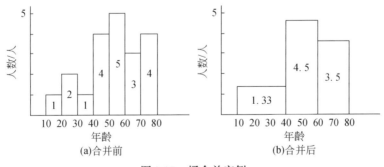

图 2-27   桶合并实例

没有分区前，每个组单独添加噪声为 noise，则总体添加噪声为 7noise，分区后，总体添加噪声为 3noise，降低了总体噪声。但是，降低总体噪声的同时，因为各个分区的频数是多个组频数的平均值，又引入了频数的近似误差。

直方图划分时，一方面要使分区最少，降低噪声误差，另一方面，要使分区中各组的频数尽量相同，降低近似误差，最终达到降低噪声、提高查询精度、增强数据可用性的目的。分区粒度越细，近似误差越小，但是，噪声误差越大，如何平衡近似误差和噪声误差是直方图发布的关键问题。

Xiao 等[46,47]在基于 kd-树的直方图划分策略中，利用均匀性测度，将各组频数近似的划分为一组，降低了近似误差。均匀性测度中，主要使用类似于方差的均匀性度量参数 $U(P_0)$，$U(P_0) = \sum_{c_i \in P_0} |x(c_i) - a_0|$，式中，$P_0$ 为当前分区；a_0 为 P_0 中所有组频数的平均值；c_i 为 P_0 中某个组，$x(c_i)$ 为组 c_i 的频数。如果 $U(P_0)$ 大于某个阈值，则进行划分，根据 P_0 中所有组频数的中位数将当前空间分为左右两个分区（partition），据此，迭代划分，将整个空间划分为若干分区，且每个分区近似均匀分布，减少分区的近似误差。

基于 kd-树直方图发布流程如下，算法首先根据数据集的 k 个不同属性生成原始直方图，用 $\varepsilon/2$ 隐私预算为原始直方图每组频数添加噪声。其次，以加噪后的频数为 k 维空间的数据集，采用 kd-树算法对原始空间进行迭代划分，分区时，根据均匀性度量参数 $U(P_0)$，判断是否进行空间划分，直到分区完成。再次，再用 $\varepsilon/2$ 隐私预算为每个分区频数添加噪声。最后，发布两次加噪后分区直方图。算法的优劣取决于均匀性度量参数 $U(P_0)$ 相对应阈值和空间划分时树的高度或者每个分区中数据点数，在 Xiao 等随后的研究中，基于 kd-树直方图发布算法被进一步应用于健康数据去标识框架（health information DE-identification，HIDE），并取名为 DPCube，DPCube 采用策略一，加噪后，采用 kd-树作为后置处理技术，支持多维数据、长范围查询，若参数选取适当，其查询误差较低。

针对近似误差和噪声误差平衡问题，为了降低渐进误差，提高查询精度，Xu 等[61]引入了平方误差和（sum of squared error，SSE）的概念。$\mathrm{SSE}(H, D) = \sum_j \sum_{l_j \leqslant i \leqslant r_j} (\mathrm{xopt}_j - x_i)^2$，式中，$D = \{x_1, x_2, \cdots, x_n\}$ 为原始直方图频数数据；x_i 为每一组的频数；$H = \{P_1, P_2, \cdots, P_k\}$ 为分区后的直方图；P_j 为直方图中每一个分区；l_j 和 r_j 为分区 P_j 的左右边界值；xopt_j 为 P_j 中的最优值频数，一般为分区 P_j 中所有组频数的均值，$\mathrm{xopt}_j = \sum_{i=l_j}^{r_j} x_i / (r_j - l_j + 1)$。通过 SSE 判断渐进误差大小，提出了 NoiseFirst 和 StructureFirst 两种算法，NoiseFirst 算法采用策略一，加噪后采用动态规划算法判断最优直方图结构，适合短范围查询，StructFirst 算法采用策略二，先在原始频数数据基础上生成最优直方图结构，由于是在原始数据之上生成直方图，为了保护直方图中敏感信息，用部分隐私预算 ε_1 来保护敏感信息，然后，用剩下隐私预算（$\varepsilon - \varepsilon_1$）向分区中添加拉普拉斯噪声，适合长范围查询。StructFirst 算法与 Xiao 等提出的 DPCube 比较类似，最大的不同是 DPCube 算法中两步各分 $\varepsilon/2$ 隐私预算，为均匀分配，而 StructFirst 算法中为一种近优隐私预算分配。上述两种方法都需要对直方图进行重构，即对原直方图各组重新划分，分区的个数 k 是影响算法结果的关键。

为了降低长范围数据查询时误差，Hay 等[40]提出通过分层树结构来优化直方图。转换后，树中的每个叶子表示一个单位长度分区，此时，针对直方图的范围查询变成对树中节点的查询，利用查询结果间的约束关系提高了查询精度。

针对直方图中的分层方法，Qardaji 等[62]研究了在约束条件下影响范围查询均方误差 （mean squared error，MSE）的因素和不同隐私预算的分配。Qardaji 等指出，当分层树的分支数（>4）选择合理时，约束条件下的分层方法较优，适合于一维直方图数据。然而，当维数≥3 时，对于多维直方图数据，分层方法作用降低。相反，若不采用分层方法，而是直接向直方图每组添加拉普拉斯噪声的方法，Hay 等称之为 Flat 方法，优于分层方法（表 2-5）。

综上，基于直方图发布的方法常需要对直方图进行分区重构，如果分区的个数 k 加大，近似误差会降低，但是，噪声误差增大，同时，时间开销增大，导致其应用受限。如 StructFirst 算法的时间复杂度为 $O(kN^2)$，$k = O(N)$，时间开销受 k 值影响，因此，如何提高算法的执行效率，降低近似误差，特别当数据维数较多时，是直方图未来研究方向之一。此外，大多算法在隐私预算分配时，一般采取平均分配，如何根据应用需求，自适应分配隐私预算，提高查询精度是直方图未来研究方向之一。Li 等[63]首次针对差分隐私直方图数据发布提供了一套开源可视化工具 DPSynthesizer，使得用户能够直观查看最终发布的一维或者多维直方图数据。

表 2-5 直方图发布方法

方法名称	策略	优点	缺点
DPCube	策略一	支持多维数据、长范围查询	查询精度受参数控制
NoiseFirst	策略一	适合短范围查询	直方图重构开销大
StructureFirst	策略二	适合长范围查询	直方图重构开销大
Flat	策略一	适合多维数据	低维数据查询误差大

2.4.4 图数据发布

当今网络时代，社交媒体和邮件网络常包含用户敏感信息，直接发布这些网络数据可能严重危害个人隐私。因此，在发布这些数据之前，需要对网络数据进行净化处理。网络数据与一般数据不同，按照图形理论，若聚集系数过大，网络数据可能非常敏感，小的改变会导致网络结构大的变动。例如，在一个子图计数查询上添加噪声，以掩盖图中边的存在与否，可能因加入噪声过大，导致净化后数据的可用性过低。为了增强图净化数据的可行性，提出了一系列解决方法。

Hay 等[64]首次针对网络数据提出了边差分隐私的概念（edge defferential privacy），也可简称为差分隐私。给定图 $G_1 = (V_1, E_1)$ 和图 $G_2 = (V_2, E_2)$，V_1 和 V_2 分别为图 G_1 和图 G_2 的顶点集，E_1 和 E_2 分别为图 G_1 和图 G_2 的边集，如果 $V_1 = V_2$，$E_1 \subset E_2$，并且 $|E_1| + 1 = |E_2|$，则称图 G_1 和图 G_2 为邻近图集，记为 $|G_1 \Delta G_2| = 1$。

定义 2-8 边差分隐私：
假设图 G_1 和图 G_2 为任意两个只相差一条边的邻近图集，$|G_1 \Delta G_2| = 1$，给定一个随机

算法 $A: D \rightarrow R$，Range(A) 为 A 在图 G_1 和图 G_2 上所有可能输出结果构成的集合，对于 Range（A）任意子集 $S \subseteq$ Range(A)，若算法 A 满足

$$\Pr[A(G_1) \in S] \leq \exp(\varepsilon) \times \Pr[A(G_2) \in S]$$

则称算法 A 满足 ε–边差分隐私，也称为满足 ε–差分隐私。

与上述定义类似，可以将边差分隐私进行推广，若邻近图集相差 k 条边，$|G_1 \Delta G_2| = k$，称之为满足 $\varepsilon - k$ 边差分隐私，若邻近图集相差某节点 v 任意条边（differ up to all edges connected to one single node），$|G_1 \Delta G_2| = \forall |k|$，$(k_i \in v)$，称之为满足 ε–点差分隐私，点差分隐私是最终需要达到的目的，但是，会引入过多的噪声，使得数据不可用，后面如不做特殊说明，都为边差分隐私。

在某种隐私保护程度下（under the requested level of privacy），为了提高图数据的可用性，需要先通过某种方法提取图数据结构（graph's structure），加噪后，能够再转换成图数据，并且与原图数据尽可能接近。Alessandra 等[65]提出通过 dK-系列图模型[66]来提取图结构的方法 Pygmalion。

dK 能够将图的结构转换成统计值，称为 dK-序列，它是 d-节点子图在不同节点度分布下的统计值（statistical number），如图 2-28 所示。当 $d = 1$ 时，为节点度分布；当 $d = 2$ 时，为 2 节点子图的联合度分布。最后，在匹配生成器下，从 dK-序列转换成图。

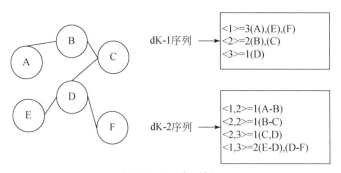

图 2-28　dK-序列例子

Pygmalion 首先提取原图的 dK-序列，其次对 dK-序列进行排序，将类似的序列聚集，形成一个个子序列，然后，利用局部敏感度向子序列中添加噪声，最后，通过加噪后的序列重新生成图。利用局部敏感度降低了噪声，但是，局部敏感度在一定程度上泄露了隐私信息。

Wang 和 Wu[67]同样利用 dK-系列图模型来提取图结构，为了提供严格的差分隐私保护，避免局部敏感度泄露隐私的风险，Wang 和 Wu 采用了平滑敏感度。对于 $2K$ 图，提出 DP2K（ε）方法保护其隐私。DP2K（ε）方法满足（ε, δ）–差分隐私，首先，利用（ε, δ）计算（β, α），其中，$\alpha = \varepsilon/2$，$\beta = \varepsilon/2\ln(2/\delta)$，其次，根据 β 和平滑敏感度 $\Delta f_{if}(G)$ 计算 β-平滑敏感度 $S_{f,\beta}(G)$，再次，利用 $S_{f,\beta}(G)$ 计算噪声，并向 $2K$ 图序列中加噪，最后，通过加噪后的序列重新生成图。

Wang 和 Wu[67]同时提出 LNPP 方法，利用谱图（spectral graph）保护图数据。谱图分

析主要通过图的邻接矩阵，建立图的拓扑结构。对于图 G，可以用一个对称邻接矩阵 $A_{n \times n}$ 表示，若节点 i 和节点 j 之间有边，则 $A_{i \times j} = 1$，否则，$A_{i \times j} = 0$。LNPP 方法首先分解矩阵 A，得到特征值和特征向量，其次，通过拉普拉斯机制扰动特征值和特征向量，因为扰动后的特征向量不是标准正交的，最后采用向量标准正交技术[68]对输出特征向量进行后置处理，提高数据可用性。

通过谱图和 dK 图模型保护数据隐私，前者引入的噪声正比于 $O(\sqrt{n})$，后者全局敏感度为 $O(n)$，其中，n 为输入图中顶点个数。为了降低添加噪声，提高数据可用性，Xiao 等[42]提出了一种新的方法 HRG-ε_1-e-ε_2，与传统的图模型不同，HRG-ε_1-e-ε_2 基于分层随机图模型（HRG），降低了添加噪声的大小。

传统图模型通过边构造，分层随机图模型利用了顶点间的连接概率。在 HRG 模型中，图 G 可以通过分层结构和连接概率集表示，图 G 的分层结构是一棵带根节点的二叉树 T，它有 n 个叶子节点，对应于图 G 的 n 个顶点。树 T 的每一个内部节点 r 对应一个概率 p_r。图 G 中的任何两个顶点 i 和 j，它们之间的连接概率 $p_{i,j} = p_r$，$p_r = e_r / n_{L_r} \times n_{R_r}$，式中，$r$ 为顶点 i 和 j 在树 T 中的最小公共祖先；L_r 和 R_r 为内部节点 r 的左右子树，n_{L_r} 和 n_{R_r} 分别为左右子树的叶子节点数；e_r 为节点 r 分割图 G 中的边数。因此，分层随机图可定义成 $(T, \{p_r\})$。如图 2-29 ~ 图 2-31 所示，原图 G 可以用图树 T_1 和图树 T_2 表示。

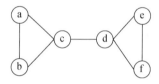

图 2-29　原图 G

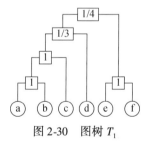

图 2-30　图树 T_1

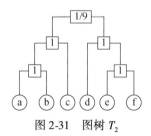

图 2-31　图树 T_2

对于图 G ，为了从众多图树中选择一个较好的图树 T_i ，定义了一个相似度函数 $L(T, \{p_r\})$ 来计算图树 T_i 与图 G 的近似程度，$L(T, \{p_r\}) = \prod_{r \in T} p_r^{e_r} (1 - p_r)^{n_{L_r} \times n_{R_r} - e_r}$ ，上例中，首先计算所有树的概率集 $\{p_r\}$ ，然后计算各图树 T_i 与原图的相似度，$L(T_1) \approx 0.001\,65$ 和 $L(T_2) \approx 0.0433$ ，比较最后计算得到的值，可以看出，$L(T_2)$ 较 $L(T_1)$ 大，所以图树 T_2 更能描述原图。

HRG- ε_1 -e- ε_2 把隐私预算 ε 分成 ε_1 和 ε_2 两部分，首先采用指数机制，利用马尔科夫链蒙特卡洛方法，从众多图树中选择一个图树 T_{sample} ，使得一条边改变仅影响图树中一个概率，此部分消耗隐私预算 ε_1 ，打分函数 u 为 $\ln L(T, \{p_r\}) = -\sum_{r \in T} n_{L_r} n_{R_r} h(p_r)$ ，式中，$h(p_r) = -p_r \ln p_r - (1 - p_r) \ln(1 - p_r)$ 。其次，采用拉普拉斯机制，用剩下的预算 ε_2 为图树 T_{sample} 中的概率集 $\{p_r\}$ 添加噪声。最后，通过分层随机图模型重构图，并对外发布经过净化后的图 $\tilde{G}$ 。HRG- ε_1 -e- ε_2 全局敏感度为 $O(\ln n)$ ，其中，n 为网络中的顶点数，降低了添加噪声的大小（表2-6）。

在边差分隐私和节点差分隐私[64]中，如何提高数据的可用性是值得研究的问题。网络数据的高敏感性，直接向图中添加噪声导致数据可用性降低，需要先将数据转换到其他数据域，如谱图、dK-序列和连接概率等，如何选择一个好的数据域，使得敏感度尽可能小，可用性好，是图数据未来研究方向之一。

表2-6 时序数据发布

方法名称	策略	优点	缺点
Pygmalion	策略二	利用分段降低了噪声大小	局部敏感度有泄露隐私风险
DP2K（ε）	策略二	利用平滑敏感度保护隐私	噪声过大
LNPP	策略一、策略二	后置处理提高数据可用性	噪声过大
HRG- ε_1 -e- ε_2	策略二	数据可用性高	预算分配影响数据

2.4.5 基于频繁模式挖掘的数据发布

频繁模式是频繁出现在数据集中的模式（如项集、子序列和子结构），是分类、聚类等挖掘任务的基础。然而，对数据进行频繁模式挖掘时，可能导致个人隐私信息的泄露[69,70]。如何确保用户隐私的同时，从数据中挖掘到有用模式，是数据挖掘一个新的研究方向。

频繁模式挖掘常基于支持度[71~73]、出现数[32]和驻点[74,31]来度量，给定数据 $D = \{\text{tran}_1, \text{tran}_2, \cdots, \text{tran}_n\}$ ，$\text{tran}_i \in T$ ，数据 D 包含若干事务，所有事务构成事务集 T ，每个事务包含若干项，$\text{tran}_i = \{\text{item}_1, \text{item}_2, \cdots, \text{item}_m\}$ ，$\text{item}_m \in I$ ，所有项构成项空间 I ，项集 itemset_j 包含若干项，是项空间 I 的子集，如果事务 tran_i 包含项集 itemset_j ，则称事务 tran_i 支持项集 itemset_j ，支持项集 itemset_j 的事务数比上总事务数称为项集 itemset_j 的

支持度，给定一个阈值，若项集 itemset_j 的支持度大于此阈值，称项集 itemset_j 为频繁项集。

针对用户位置数据，为了从中挖掘出有用模式，即大家感兴趣的地理位置（interesting geographic location），Ho 和 Ruan[74] 利用四叉树和基于密度的聚簇算法，提出了 BuildDPQuadTree 方法。对位置数据进行查询时，如何定义兴趣位置是问题的关键，为了定义兴趣位置，引入了驻点的概念。给定轨迹数据 $\text{traj}_i^{k_i} = \{p_1, p_2, \cdots, p_{k_i}\}$，包含 k_i 个测量值，每个测量值 $p_j = (x_j, y_j, t_j)$，式中，x_j 为维度；y_j 为经度；t_j 为时戳。如果某轨迹在以 δ 为半径的圆内，至少停留 ΔT 时间，则称圆心 (x, y) 为一个驻点（stay point），给定一个轨迹集 $\text{TJ} = \{\text{traj}_1^{k_1}, \text{traj}_2^{k_2}, \cdots, \text{traj}_s^{k_s}\}$，若某个区域包含 r' 以上个驻点，则称此区域为兴趣位置。

为了降低噪声和查找兴趣位置，BuildDPQuadTree 首先通过区域四叉树将空间区域 R 进行迭代细分，给定驻点集 S、阈值 $T_{\text{threshold}}$ 和隐私预算 ε_{qt}，如果 $|S| + \text{Lap}(3T_{\text{threshold}}/\varepsilon_{qt})$ $\leqslant 3T_{\text{threshold}}$，则停止划分，否则，继续划分。得到划分集合后，通过基于密度的聚类算法（DBSCAN）提取每个聚簇 R_j，给定阈值 r'、隐私预算 ε_{cg} 和隐私预算 ε_{cts}，如果 $|R_j| +$ $\text{Lap}(\Delta f_{cts}^j/\varepsilon_{cts}) \geqslant r'$，式中，$\Delta f_{cts}^j = \max\limits_{i \in R_j}\#\{s \in R_j \mid s$ 为用户 i 的驻点$\}$，则称聚簇 R_j 为兴趣区域，其中心位置 $Cg' = \sum\limits_{k=1}^{|R_j|}(\text{latitude}_k, \text{longitude}_k)/|R_j| + \text{Lap}(\Delta f_{cg}^j/\varepsilon_{cts})$，其中，$\Delta f_{cg}^j = \max$ $\text{length}(\text{point}_x, \text{point}_y)/2$，$\text{point}_i \in R_j$，总的隐私预算 $\varepsilon = \sum\limits_{i=1}^{h}\varepsilon_{qt} + \varepsilon_{cg} + \varepsilon_{cts}$，其中，$h$ 为四叉树的高度。BuildDPQuadTree 方法给出一种新颖的通过驻点描述兴趣区域方法，然而，其噪声大小与阈值 $T_{\text{threshold}}$ 相关，为了降低噪声大小，Ho 和 Ruan[31] 进一步提出通过 β-平滑敏感度来降低噪声大小，最终使得算法满足 (ε, δ)-差分隐私，我们把此方法称为 DBSCAN-DP。

Top-k 频繁模式挖掘算法中，项集查询的敏感度依赖于项集的维度，为了降低敏感度，常把数据映射到低维空间。Li 等[71] 提出了查找 Top-k 频繁模式的方法 PrivBasis，PrivBasis 在初始化阶段先查找包含 Top-k 频繁项集的最小项集 I_B，以降低查询空间，然后通过 2-项集的支持度得到 I_B 中所有子集的支持度，然而，得到的频繁模式可能是不精确的。

Lee 和 Cliftom[72] 利用稀疏向量技术和 FP-树提出了 NoiseCut 方法，提高了数据的可用性。NoiseCut 方法主要分两步，首先获取频繁项集，为了提高精确度、减少隐私预算消耗，采用了稀疏向量技术，即在发布查询时，给定噪声阈值 $\hat{\tau}$，若查询 q 满足 $q(D) +$ $\text{Lap}(2k/\varepsilon) \geqslant \hat{\tau}$ 才消耗隐私预算，其中，$\hat{\tau} = \sigma_k + \text{Lap}(\cdot)$，$\sigma_k$ 为第 k 个频繁项集的支持度，若某个项集的含噪支持度大于噪声阈值 $\hat{\tau}$，称此项集为频繁项集。然后，以频繁项集 L 作为输入，构建 FP-树，为树中节点添加 $\text{Lap}(1/\varepsilon)$ 噪声。最后，返回 Top-k 频繁项集及其含噪支持度。NoiseCut 方法中，对于支持度为 $\tau + \alpha$ 的项集 X，其错误否定的概率为 $\exp(-\alpha\varepsilon/2)(\alpha\varepsilon/2 + 2)/4$，错误否定的概率更低，即得到频繁模式的正确率越高。

针对图数据，Entong 和 Ting[73] 利用随机游走蒙特卡洛抽样方法，给出了挖掘 Top-k 频繁子图的方法 Diff-FPM，该方法的主要是通过随机游走获取 Top-k 频繁子图，然后往频繁子图中添加拉普拉斯噪声，以掩盖子图真实计数，Diff-FPM 方法的关键是随机游走能否达到稳态，若能，Diff-FPM 满足 ε–差分隐私，否则，只满足 (ε, δ)–差分隐私，数据可用性与安全性将受到影响。

针对序列数据，如轨迹和 DNA 序列，Bonomi 和 Xiong[32] 指出，利用支持度提取频繁序列模式，有若干不足。例如，如果一个事务中的模式重复多次出现，此模式不被看作频繁模式，可能导致信息模式的丢失，并且，用项目集表示模式，可能不能很好地描述重要事件的顺序性，为从序列数据中挖掘出频繁序列模式，Bonomi 和 Xiong 提出频繁度的概念，给定模式 $p = a_0, a_1, \cdots, a_{n-1}$，$a_i \in \Sigma$ 和字符串 $x = x_0, x_1, \cdots, x_{m-1}$，其中，字符 a_i 属于字符集 Σ，如果存在整数 i，$0 \leqslant i \leqslant m - n$，使得 $x_{i+j} = a_j$，$j = 0, \cdots, n - 1$，则称模式 p 在字符串 x 的位置 i 出现，$f_x(p)$ 表示出现的次数，给定数据集 $D = \{x^0, x^1, \cdots, x^{N-1}\}$，则称 $F_D(P) = \sum_{i=0}^{N-1} f_{x^i}(p)$ 为模式 p 在数据集 D 中的出现数，若出现数大于某个阈值，则称模式 p 为频繁序列模式。在频繁序列模式中，在数据集 D 中，添加或删除一条字符串 x，会改变计数多达 $O(|x|)$，导致计数敏感度过大，为了降低敏感度，常用前缀树[69,70] 对数据进行划分，通过前缀的频繁度计算模式的频繁度，达到提高数据可用性的目的。

Bonomi 和 Xiong 指出，现有隐私保护频繁模式挖掘是在精确数据中进行，然而，现实世界数据常常含噪，基于支持度来提取频繁模式可能丢失某些模式，如何在含噪数据中提取频繁模式，相关方面的研究文献较少，是未来模式挖掘的一个研究方向，同时，如何提高数据可用性的同时兼顾隐私保护是需要研究的问题。

表 2-7　模式挖掘数据分布

方法名称	策略	优点	缺点
BuildDPQuadTree	策略二	利用驻点提取兴趣区域	噪声过大
DBSCAN-DP	策略二	平滑敏感度保护隐私，提高可用性	仅针对离线数据
PrivBasis	策略二	挖掘速度快	适合维数较低数据
NoiseCut	策略一、策略二	数据可用性高	预算分配对结果影响大
Diff-FPM	策略二	精度高	输出数增加时可用性降低

针对不同类型数据，相关研究者提出了一系列数据发布方法，本书归纳方法仅是所有工作的一部分，还有许多方法没有仔细提及，如基于矩阵的批查询方法和基于机器学习的数据发布。基于矩阵的批查询中包含很多子查询，当删除数据集中一条记录时，可能导致多个子查询结果发生变化，最终，使得批查询敏感度过大，远远高于单一查询时的敏感度，Li 等[75] 提出了基于矩阵的查询方法，然而，查找最佳查询策略是一个次优化问题，为了解决计算的最优化问题，一种自适应精确查询机制[76] 和低秩矩阵机制[77] 被提出，基于机器学习的数据发布[78] 常用方法有主成分分析（principal component analysis，PCA）和逻辑回归（logistic regression）等，主要进行数据预测和分析，同时确保用户隐私。

现有隐私保护频繁模式挖掘是在精确数据中进行的，然而，现实世界数据常常含噪，基于支持度[71~73] 来提取频繁模式可能丢失某些模式[32]。如何在含噪数据中提取频繁模式，相关方面的研究文献较少，是未来模式挖掘的一个研究方向。

2.4.6　存在问题与其他研究方向

不同策略下的数据发布方法是差分隐私研究的主要内容，是各种具体应用的理论基础。表 2-8 对基于差分隐私的数据发布方法进行了总结和分析，可以看出，目前的研究成果有限，在这个新的研究领域，存在一些新的研究方向，也有很多问题亟待解决。

表 2-8　差分隐私数据发布方法分类与比较

类别	优点	不足	典型应用
空间数据发布	支持多维数据，数据独立或者依赖查询	若维数较大，添加噪声过大	疾病预测，运输规划
时序数据发布	支持时序数据查询	当时间较长，难以平衡可用性和安全性	实时交通，疾病监测
直方图发布	支持任意长度查询	若维数较大，添加噪声过大	疾病、搜索历史统计分析
图数据发布	支持网络数据分析、查询	网络数据较敏感，节点差分隐私难以实现	社交网络用户关系分析
频繁模式挖掘	数据挖掘同时确保隐私安全	含噪数据频繁模式提取可能丢失某些模式	用户行为、轨迹和 DAN 序列分析，推荐系统

1. 存在问题

1）高敏感度问题

对于高维或者图数据来说，敏感度过高，导致数据可用性降低，如何降低函数的敏感度，提高数据可用性是需要深入研究。

2）时序数据问题

对时序数据，当时间增大，如何平衡数据的可用性和安全性是一个值得研究的问题，同时，如何解决在线数据的实时保护也是值得研究的问题。

3）效率问题

许多基于差分隐私的算法计算复杂度较高，如何确保安全的同时提高算法效率是一个值得研究的问题。

2. 新的研究方向

1）分布式流数据隐私保护

基于差分隐私的数据发布方法中，数据常常位于一方，如果数据位于多方，多方如何共享数据而不泄露用户隐私是分布式数据隐私需要研究的问题[79,80]。此问题主要面临如下难点：①若算法涉及数据和参与方较多，过大的通信开销使得算法不可行；②如何设计算法，使之满足差分隐私要求。所以，如何寻找一种高效、安全的算法，并降低通信复杂度需要进一步研究，同时，针对金融等实时流数据，如何设计分布式流数据隐私保护算法是一个新的研究方向。

2）联合差分隐私

Kearns 等将差分隐私概念引入博弈论中，以保护 player 参与者隐私。该文中指出，在一定条件下（博弈时参与者数量较多），在不完全信息博弈设置下可以实现完全信息博弈下的均衡。任何算法在计算完全信息博弈下的相关均衡时，同时满足差分隐私的一个变形，被 Kearns 等称之为联合差分隐私（joint differential privacy）[81]。联合差分隐私中，任何一群参与者都不能推断出任何群体外参与者的类型信息，即使这群参与者以任何方式进行共谋也不行。

定义 2-9　联合差分隐私：

给定一个随机算法 A：$D^n \rightarrow R^n$，D 和 D' 为任意两个只相差一个元素的 i 邻近数据集，$i \in \{1, \cdots, n\}$，对任意 $S \subseteq R^{n-1}$，若算法 A 满足：$\Pr[A(D)_{-i} \in S] \leqslant \exp(\varepsilon) \times \Pr[A(D')_{-i} \in S] + \delta$，则称算法 A 满足 (ε, δ) –联合差分隐私。当 $\delta = 0$ 时，$(\varepsilon, 0)$ –联合差分隐私等价于 ε –联合差分隐私。

联合差分隐私输入输出都为 n 个分量，其中输入 $D = (d_1, \cdots, d_n)$，输出向量 $r = (r_1, \cdots, r_n) \in R^n$，每一个输出分量 r_i 对应某个参与者的输入分量 d_i，为了保护第 i 个参与者的隐私，即使其他参与者进行合谋，知道除第 i 个参与者输入分量 d_i 和输出分量 r_i 外的所有信息（$d_1, \cdots, d_{i-1}, d_{i+1}, \cdots, d_n, r_1, \cdots, r_{i-1}, r_{i+1}, \cdots, r_n$），也不能推出第 i 个参与者的输入信息 d_i。其中 $A(D) = (r_1, \cdots, r_n)$，$A(D)_i = r_i$，$A(D)_{-i} = (r_1, \cdots, r_{i-1}, r_{i+1}, \cdots, r_n)$。

联合差分隐私适合解被划分到 n 个不同对象的问题，这些对象为算法提供隐私数据的同时确保自身安全，如博弈论中均衡计算[81,82]和最大匹配问题中代理人隐私保护[83]。

差分隐私已经成为隐私保护事实上的标准，是目前信息安全领域的研究热点之一。针对用户隐私泄露问题，本节对不同数据发布方法进行了总结，为差分隐私进一步研究提供一定参考。

2.5　小　　结

在这一章中，总结了设备安全认证和隐私数据发布相关方法。设备安全认证研究中，首先，给出了 PUF 的定义，然后分别对基于 TPM/TPCM 的认证方法和基于 PUF 的认证方法进行了介绍。隐私数据发布研究中，首先给出了差分隐私定义，其次阐述了差分隐私数据处理模型与发布策略，随后分别介绍了空间、时序、图等数据的差分隐私发布方法，最后对存在问题和新的研究方向进行了总结。

参 考 文 献

[1] 沈昌祥,张焕国,王怀民,等. 可信计算的研究与发展. 中国科学:信息科学,2010,(2):139-166.

[2] 冯登国,秦宇,汪丹,等. 可信计算技术研究. 计算机研究与发展,2011,48(8):1332-1349.

[3] Gassend B,Clarke D,Dijk M V,et al. Silicon physical random functions. Proceedings of the ACM Conference on Computer and Communications Security,Washington,DC,USA,2002:148-160.

[4] 章睿. 基于可信计算技术的隐私保护研究. 北京:北京交通大学,2011.

[5] Winsborough W H,Seamons K E,Jones V E. Automated trust negotiation. Proceedings of the DARPA Information Survivability Conference and Exposition,Hilton Head,SC,USA,2000:1-15.

[6] Rivest R L,Shamir A,Tauman Y. How to leak a secret. Proceedings of the 7th International Conference on the Theory and Application of Cryptology and Information Security:Advances in Cryptology,London,UK,2001:552-565.

[7] Suh G E,Devadas S. Physical unclonable functions for device authentication and secret key generation. Proceedings of the Design Automation Conference,San Diego,CA,USA,2007:9-14.

[8] Capovilla J,Cortes M,Araujo G. Improving the statistical variability of delay-based physical unclonable functions. Proceedings of the 28th Symposium on Integrated Circuits and Systems Design,2015:1-7.

[9] Delvaux J,Verbauwhede I. Fault injection modeling attacks on 65 nm arbiter and RO sum pufs via environmental changes. IEEE Transactions on Circuits & Systems I Regular Papers,2014,61(6):1701-1713.

[10] Majzoobi M,Rostami M,Koushanfar F,et al. Slender PUF protocol:A lightweight,robust,and secure authentication by substring matching. Proceedings of the IEEE Symposium on Security and Privacy Workshops,San Francisco,CA,USA,2012:33-44.

[11] Rührmair U,Sehnke F,Sölter J,et al. Modeling attacks on physical unclonable functions. Proceedings of the 17th ACM conference on Computer and communications security,Chicago,Illinois,USA,2010:237-249.

[12] Research C. Sec i:Elliptic curve cryptography. Version 1.7:2006.

[13] Chen L. A DAA scheme requiring less TPM resources. Proceedings of the International Conference on Information Security and Cryptology,Beijing,China,2009:350-365.

[14] 刘景森,戴冠中. TPM 匿名认证机制的研究与应用. 计算机应用研究,2007,24(9):109-111.

[15] 徐贤,龙宇,毛贤平. 基于 TPM 的强身份认证协议研究. 计算机工程,2012,38(4):23-27.

[16] 刘振鹏,吴凤龙,尚开雨,等. 基于 TPM 的云计算平台双向认证方案. 通信学报,2012,33(Z2):20-24.

[17] Feng W,Feng D,Wei G,et al. Teem:a User-oriented Trusted Mobile Device for Multi-Platform Security Applications. Berlin:Springer,2013.

[18] Zhang D,Han Z,Yan G. A portable TPM based on USB key. Proceedings of the 17th ACM conference on Computer and communications security,Chicago,Illinois,USA,2010:750-752.

[19] 韩磊,刘吉强,魏学业,等. 基于 PTPM 的 Ad Hoc 网络密钥管理应用研究. 北京工业大学学报,2012,38(11):1676-1682.

[20] 王中华,韩臻,刘吉强,等. 云环境下基于 PTPM 和无证书公钥的身份认证方案. 软件学报,2016,27(6):1523-1537.

[21] Bellare M. New proofs for NMAC and HMAC:Security without collision-resistance. Proceedings of the 26th Annual International Conference on Advances in Cryptology,2006:602-619.

[22] Gao M,Lai K,Qu G. A highly flexible ring oscillator PUF. Proceedings of the 51st ACM/EDAC/IEEE Design

Automation Conference San Francisco, CA, USA, 2014: 1-6.

[23] Guajardo J, Kumar S S, Schrijen G J, et al. FPGA intrinsic PUFs and their use for IP protection. Proceedings of the International Workshop on Cryptographic Hardware and Embedded Systems, Vienna, Austria, 2007: 63-80.

[24] Kumar S S, Guajardo J, Maes R, et al. Extended abstract: The butterfly PUF protecting IP on every FP-GA. Proceedings of the IEEE International Workshop on Hardware-Oriented Security and Trust, 2008: 67-70.

[25] Bassil R, El-Beaino W, Kayssi A, et al. A PUF-based ultra-lightweight mutual-authentication RFID proto-col. Proceedings of the Internet Technology and Secured Transactions, Abu Dhabi, United Arab Emirates, 2012: 495 - 499.

[26] Tehranipoor M, Wang C. Introduction to Hardware Security and Trust. New York: Springer, 2012.

[27] Rostami M, Majzoobi M, Koushanfar F, et al. Robust and reverse-engineering resilient PUF authentication and key-exchange by substring matching. IEEE Transactions on Emerging Topics in Computing, 2014, 2(1): 37-49.

[28] Wang J, Liu S, Li Y. A review of differential privacy in individual data release. International Journal of Distributed Sensor Networks, 2015, 11(10): 1-18.

[29] Fan L, Xiong L, Sunderam V. Differentially private multi-dimensional time series release for traffic monito-ring. Proceedings of the 27th international conference on Data and Applications Security and Privacy XXVII, Newark, N J, 2013: 33-48.

[30] Inan A, Kantarcioglu M, Ghinita G, et al. A hybrid approach to private record matching. IEEE Transactions on Dependable & Secure Computing, 2012, 9(5): 684-698.

[31] Ho S S, Ruan S. Preserving privacy for interesting location pattern mining from trajectory data. Transactions on Data Privacy, 2013, 6(1): 87-106.

[32] Bonomi L, Xiong L. Mining frequent patterns with differential privacy. Proceedings of the VLDB Endowment, 2013, 6(12): 1422-1427.

[33] Dwork C. Differential privacy. Proceedings of the International Colloquium on Automata, Languages, and Programming, 2006: 1-12.

[34] Ebadi H, Sands D, Schneider G. Differential privacy: Now it's getting personal. Proceedings of the ACM Sigplan-Sigact Symposium on Principles of Programming Languages, Mumbai, India, 2015: 69-81.

[35] 熊平, 朱天清, 王晓峰. 差分隐私保护及其应用. 计算机学报, 2014, 37(1): 101-122.

[36] Dwork C, Mcsherry F, Nissim K. Calibrating noise to sensitivity in private data analysis. Proceedings of the Theory of Cryptography Conference, 2006: 265-284.

[37] Mcsherry F, Talwar K. Mechanism design via differential privacy. Proceedings of the IEEE Symposium on Foundations of Computer Science, Washington, DC, USA, 2007: 94-103.

[38] Mcsherry F D. Privacy integrated queries: An extensible platform for privacy-preserving data analysis. Proceedings of the ACM SIGMOD International Conference on Management of Data, Providence, Rhode Island, USA, 2009: 19-30.

[39] 李杨, 温雯, 谢光强. 差分隐私保护研究综述. 计算机应用研究, 2012, 29(9): 3201-3205.

[40] Hay M, Rastogi V, Miklau G, et al. Boosting the accuracy of differentially private histograms through consis-tency. Proceedings of the VLDB Endowment, 2010, 3(1-2): 1021-1032.

[41] Rao C R. 1973. Linear statistical inference and its applications. Wiley: 225-228.

［42］ Xiao Q,Chen R,Tan K L. Differentially private network data release via structural inference. Proceedings of the ACM SIGKDD International Conference on Knowledge Discovery and Data Mining,2014：911-920.

［43］ Cormode G,Procopiuc C,Srivastava D,et al. Differentially private spatial decompositions. Proceedings of the IEEE 28th International Conference on Data Engineering,Washington D C,USA,2012：20-31.

［44］ Berg M D,Cheong O,Kreveld M V,et al. Computational geometry：Algorithms and applications. Springer Publishing Company,Incorporated,2000,19(3)：333-334.

［45］ Inan A,Kantarcioglu M,Ghinita G,et al. Private record matching using differential privacy. Proceedings of the 13th International Conference on Extending Database Technology,New York,NY,USA,2010：123-134.

［46］ Xiao Y, Xiong L, Yuan C. Differentially private data release through multidimensional partitioning. Proceedings of the VLDB Conference on Secure Data Management,2010：150-168.

［47］ Xiao Y,Gardner J,Xiong L. DPCube：Releasing differentially private data cubes for health information. Proceedings of the IEEE International Conference on Data Engineering, Arlington, Virginia USA, 2012：1305-1308.

［48］ Qardaji W, Yang W, Li N. Differentially private grids for geospatial data. Proceedings of the IEEE International Conference on Data Engineering,Washington D C,USA,2013：757-768.

［49］ Rastogi V,Nath S. Differentially private aggregation of distributed time-series with transformation and encryption. Proceedings of the ACM SIGMOD International Conference on Management of Data,New York,N Y,USA,2010：735-746.

［50］ Welch G,Bishop G. An introduction to the kalman filter. University of North Carolina at Chapel Hill,2001,8(7)：127-132 .

［51］ Kalman R E. A new approach to linear filtering and prediction problems. Journal of Basic Engineering Transactions,1960,82D(1)：35-45.

［52］ Fan L, Xiong L, Sunderam V. Fast：Differentially private real-time aggregate monitor with filtering and adaptive sampling. Proceedings of the ACM SIGMOD International Conference on Management of Data,New York,USA,2013：1065-1068.

［53］ Fan L, Xiong L. An adaptive approach to real-time aggregate monitoring with differential privacy. IEEE Transactions on Knowledge & Data Engineering,2013,26(9)：2094-2106.

［54］ King M. Process control：A practical approach. Wiley,2010.

［55］ Fan L,Bonomi L,Xiong L,et al. Monitoring web browsing behavior with differential privacy. Proceedings of the International Conference on World Wide Web,New York,NY,USA,2014：177-188.

［56］ Meyn S, Tweedie R L, Glynn P W. Markov chains and stochastic stability：The nonlinear state space model. World Scientific,2009,92(438)：xxviii+594.

［57］ Kellaris G, Papadopoulos S, Xiao X, et al. Differentially private event sequences over infinite streams. Proceedings of the VLDB Endowment,2014,7(12)：1155-1166.

［58］ Wang Q,Zhang Y,Lu X,et al. RescueDP：Real-time spatio-temporal crowd-sourced data publishing with differential privacy. Proceedings of the IEEE INFOCOM 2016 - The 35th Annual the IEEE International Conference on Computer Communications,Honolulu,HI,USA,2016：1-9.

［59］ Xiao X,Wang G,Gehrke J. Differential privacy via wavelet transforms. IEEE Transactions on Knowledge & Data Engineering,2011,23(8)：1200-1214.

［60］ Ferrández-Pastor F J, García-Chamizo J M, Nieto-Hidalgo M, et al. Using wavelet transform to disaggregate electrical power consumption into the major end-uses. Lecture Notes in Computer Science, 2014, 8867：

272-279.

[61] Xu J, Zhang Z, Xiao X, et al. Differentially private histogram publication. Proceedings of the the IEEE International Conference on Data Engineering, Washington D C, USA, 2012: 32-43.

[62] Qardaji W, Yang W, Li N. Understanding hierarchical methods for differentially private histograms. Proceedings of the Vldb Endowment, 2013, 6(14): 1954-1965.

[63] Li H, Xiong L, Zhang L, et al. Dpsynthesizer: Differentially private data synthesizer for privacy preserving data sharing. Proceedings of the the VLDB Endowment, 2014: 1677-1680.

[64] Hay M, Li C, Miklau G, et al. Accurate estimation of the degree distribution of private networks. Proceedings of the the 9th IEEE International Conference on Data Mining, 2009: 169-178.

[65] Alessandra S, Xiaohan Z, Christo W, et al. Sharing graphs using differentially private graph models. Proceedings of the In Proceedings of the ACM SIGCOMM Conference on Internet Measurement Conference, Santa Monica, California, USA, 2011: 81-98.

[66] Mahadevan P, Krioukov D, Fall K, et al. Systematic topology analysis and generation using degree correlations. Proceedings of the the 2006 conference on Applications, technologies, architectures, and protocols for computer communications(SIGCOMM), New York, N Y, USA, 2006: 135-146.

[67] Wang Y, Wu X. Preserving differential privacy in degree-correlation based graph generation. Transactions on Data Privacy, 2013, 6(2): 127-145.

[68] Garthwaite P, Critchley F, K A-I, et al. Orthogonalization of vectors with minimal adjustment. Biometrika, 2012, 99(4): 787-798.

[69] Luca B, Xiong L. A two-phase algorithm for mining sequential patterns with differential privacy. Proceedings of the the ACM International Conference on Information & Knowledge Management, San Francisco, USA, 2013: 268-278.

[70] Luca B, Li X, Rui C, et al. Frequent grams based embedding for privacy preserving record linkage. Proceedings of the the 21st ACM international conference on Information and knowledge management, New York, USA, 2012: 1597-1601.

[71] Li N, Qardaji W, Su D, et al. Privbasis: Frequent itemset mining with differential privacy. Proceedings of the Vldb Endowment, 2012, 5(11): 1340-1351.

[72] Lee J, Clifton C W. Top-k frequent itemsets via differentially private fp-trees. Proceedings of the 20th ACM SIGKDD international conference on Knowledge discovery and data mining, New York, USA, 2014: 931-940.

[73] Entong S, Ting Y. Mining frequent graph patterns with differential privacy. Proceedings of the the 19th ACM SIGKDD international conference on Knowledge discovery and data mining, New York, USA, 2013: 545-553.

[74] Ho S S, Ruan S. Differential privacy for location pattern mining. Proceedings of the the 4th ACM SIGSPATIAL International Workshop on Security and Privacy in GIS and LBS, 2011: 17-24.

[75] Li C, Hay M, Rastogi V, et al. Optimizing linear counting queries under differential privacy. Proceedings of the twenty-ninth ACM SIGMOD-SIGACT-SIGART symposium on Principles of database systems, Indianapolis, USA, 2010: 123-134.

[76] Li C, Miklau G. An adaptive mechanism for accurate query answering under differential privacy. VLDB Endowment, 2012, 5(6): 514-525.

[77] Yuan G, Zhang Z, Winslett M, et al. Low-rank mechanism: Optimizing batch queries under differential privacy. VLDB Endowment, 2012, 5(11): 1352-1363.

[78] Ji Z, Jiang X, Shuang W, et al. Differentially private distributed logistic regression using private and public

data. BMC Medical Genomics,2014,7(Suppl 1): 14.

[79] Liu J,Huang J Z,Luo J,et al. Privacy preserving distributed dbscan clustering. Proceedings of the Joint Edbt/ icdt Workshops,2012: 177-185.

[80] Friedman A,Sharfman I,Keren D,et al. Privacy-preserving distributed stream monitoring. Proceedings of the Network and Distributed System Security Symposium,2014: 1-12.

[81] Kearns M,Pai M M,Roth A,et al. Mechanism design in large games: Incentives and privacy. American Economic Review,2014,104(5): 431-435.

[82] Roth A. Differential privacy,equilibrium,and efficient allocation of resources. Proceedings of the Communication, Control,and Computing,2013: 1593-1597.

[83] Hsu J,Huang Z,Roth A,et al. Private matchings and allocations. 2014,53(1): 21-30.

[84] Wang J,Shi Y,Peng G J,et al. Survey on key technology development and application in trusted computing Ching Communications,2016,13(11):70-90.

第3章 可穿戴设备认证协议

在这一章中，首先介绍了可穿戴设备双因子认证协议研究的问题背景，然后给出了 PUF 实现方案和 IPI 编码方法。其次，在 PUF 电路和 IPI 编码模块的基础上阐述了基于 PUF 和 IPI 的可穿戴设备双因子认证协议 TFAP。最后，对认证协议 TFAP 的性能和安全性进行了评估与分析，并进一步提出一种基于平衡 D 触发器的仲裁器，增强了 PUF 安全性。

3.1 基于 PUF 和 IPI 的双因子认证协议设计

3.1.1 设备认证面临的挑战

可穿戴设备是置于用户体外或体内的智能化微型设备，能提供长期的健康服务监控或支持[1]。后台服务系统利用无线通信技术处理健康服务数据，并为用户提供健康服务[2]。可穿戴设备正推进着移动医疗的快速发展，但无线体域网的开放式结构也给用户隐私和数据安全带来了更多威胁。在无线体域网开放式结构下，系统必须为设备节点和数据中心之间提供一种安全认证机制[3,4]。

针对可穿戴设备，安全认证协议在保护用户隐私和数据安全上起着重要作用。无线体域网中，健康服务信息非常敏感，除授权用户外，非授权用户不能访问，否则，恶意者可能篡改医疗信息、药物剂量和设备工作程序，会威胁用户数据安全甚至生命[5]。已有基于 TPM 或高级加密标准（advanced encryption standard，AES）的方法过于复杂，不适应于资源受限的可穿戴设备[6]。为了解决此问题，提出了 PUF 的认证协议[7]。

PUF 利用硅器件固有的不可克隆物理特性提供了从激励（输入）到响应（输出）的唯一映射[7]，具有抗物理入侵、计算能耗低、资源占用少、实现方便和物理属性唯一的优势，多应用于资源受限的嵌入式系统中设备身份认证[8]，为我们提供了一种与设备紧密结合的独特"硬件指纹"。

早期，基于 PUF 的认证协议利用存储的激励响应对来实现[9]。首先从设备节点获取对应的 CRP 并存储于后台数据库。然后，认证节点根据数据库中某条 CRP 记录的激励，生成对应响应。如果生成响应与 CRP 记录中响应一致，则节点认证成功，否则失败。为抵抗重放攻击，每条 CRP 记录仅使用一次，认证完成之后即删除。基于后台数据库存储激励响应对记录的 PUF 认证如图 3-1 所示。然而，此方法需要在后台数据库存储 CRP，不利于应用程序扩展。在射频识别系统中，文献［10～12］提出了基于 PUF 的 RFID 认证协议，这些协议同样需要存储 CRP 或密钥。Rostami 等[13]提出一种基于多 PUF 模型的轻量级认证协议，此协议不需要在数据库中存储 CRP，然而，此协议中基于线性反馈移位寄存器的伪随机数发生器存在安全隐患[14]。

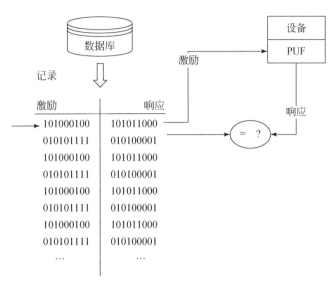

图 3-1　基于后台数据库存储激励响应对记录的 PUF 认证

　　上述文献考虑了设备物理特征的唯一性，然而，用到可穿戴设备上却忽略了用户生物特征的唯一性，进而使这些协议易受妥协攻击。如果用户体域网中某节点对敌手妥协，用户隐私与安全将面临威胁。例如，敌手能通过妥协节点发送错误信息干扰设备正常工作。

　　文献 [15~20] 提出多种基于生物特征的认证协议和密钥协商方案。生物传感器收集的数据能同时应用于健康服务和节点认证，降低了设备的资源开销和计算代价。由于可穿戴设备普遍含有脉搏传感器，用户脉搏间隔（interpulse interval，IPI）被用于无线体域网中节点认证和密钥生成[5,15~19]。其中，文献 [16] 利用光电容积脉搏波（physiological photoplethysmogram，PPG）信号获取 IPI，文献 [15, 17] 利用心电图（electrocardiogram，ECG）信号获取 IPI。针对可穿戴设备，基于 IPI 生物特征的认证协议开销小，适用于无线体域网中节点认证。然而，这些方案仅考虑了用户生物特征的唯一性，忽略了设备物理特征的唯一性，使这些协议易受假冒攻击。例如，用户体域网外某节点窃取用户生物特征，侵入用户体域网，进而威胁用户数据与健康安全。

　　针对上述问题，利用设备物理特征和用户生物特征双重唯一性，本书提出一种基于 PUF 和 IPI 的轻量级双因子认证协议（two factor authentication protocol，TFAP），并采用异或操作确保协议秘密参数的有用信息在信息通道中不被泄露和抵御建模攻击。此外，认证双方利用同步 IPI 作为随机数种子，不需额外的随机数发生器。与现有方案相比，该协议能有效阻止妥协和假冒等攻击，增强了认证协议安全性。

3.1.2 PUF 电路与 IPI 属性

1. PUF 实现方案

根据文献［21］对 PUF 的分类，本书采用的强 PUF 属于 PUF 分类下子集。强 PUF 拥有海量 CRP，其数量远大于物理设备数量，为多种应用提供了硬件系统身份认证等服务[21]，能防止敌手通过历史 CRP 进行重放攻击。强 PUF 能为生产芯片提供身份验证机制，也可生成密钥[22~24]。

PUF 模型的复杂度与正确率是一对矛盾关系，PUF 模型的复杂度越高，PUF 越安全，然而，其正确率越低；PUF 模型的复杂度越低，正确率越高，然而，PUF 安全性越低。为了平衡 PUF 模型的复杂度与正确率，本书采用 4-异或 PUF 电路，即 4 个 PUF 电路的输出结果经过异或操作之后再对外输出，从而保护 PUF 电路免受敌手建模攻击[22]。

4-异或 PUF 电路的多项式模型只能被可信实体建立，如可穿戴设备制造商。设备节点拥有一个 PUF 物理访问接口，可信实体能通过此接口获取设备节点的 CRP，并建立 PUF 多项式模型。PUF 模型建立后，诚实可信认证方能通过此 PUF 模型对节点进行认证[7]，也可以将此 PUF 模型授权给其他第三方。注意，建模完成之后，设备节点中的 PUF 访问接口将被物理毁坏，以防止敌手通过此接口获取 CRP 进行建模攻击。

本书 PUF 实现方案采用文献［7］中基于延迟的 PUF 电路。在此电路中，删除了真/伪随机数生成模块，因为此模块需要较多额外资源[14]。我们通过在协议中引入设备节点自有的生物特征 IPI，并采用 IPI 二进制编码序列作为 PUF 电路的输入激励，取消随机数生成模块的同时，增强了认证协议的安全性。

基于延迟的 4-异或 PUF 电路示意图如图 3-2 所示，电路左边接输入信号，电路中间为 4 条基于多路选择器的并行延迟线，电路右边为 D 触发器仲裁器和异或门，电路下面为输入激励选择信号 $(c_1, c_2, \cdots, c_n)$，$n=64$。脉冲信号根据输入激励的值在 4 条延迟线上竞争通过，到达仲裁器后仲裁输出，最后，4 个 PUF 电路输出结果经过异或门后对外输出。

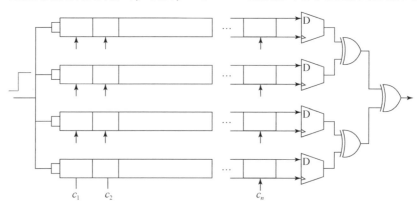

图 3-2　基于延迟的 4-异或 PUF 电路示意图

2. 脉搏间隔

心脏是人体血液循环的核心动力引擎,心脏收缩,血液进入主动脉,内压升高。心脏舒张,血液不再进入主动脉,内压降低。心脏每次的收缩与舒张形成脉搏信号波[25],而 IPI 则指信号波的脉搏间隔[19]。IPI 可以通过不同的心血管信号获得,如 ECG 和 PPG。ECG 利用置于体表的测量电极记录心电图,PPG 利用脉动血液对一定波长光敏感的特性得到容积脉搏血流的变化[16]。PPG 传感器体积小,能耗低,本章认证协议中采用了 PPG 信号。

IPI 信号经过二进制编码之后作为 PUF 电路的输入激励,是认证过程中的核心数据来源模块。基于 IPI 生成的二进制编码序列具有良好的随机性,此性质已经被双尾检测和熵测试证明[5,15]。二进制编码序列的随机性与认证协议安全性紧密相关,编码序列的随机性越高,认证协议的安全性越强。敌手通过历史或者将来 IPI 数据以实现认证的方式不可行,因为历史或者将来 IPI 数据与实时 IPI 数据之间差异性过大,最终得到的输出结果间海明距离(hamming distance,HD)过大,认证失败。详细分析见 3.1.4 节。

每次心搏周期,若仅利用单一 IPI 编码生成位数足够长的二进制序列,时间需要超过 1 min[5]。为克服 IPI 编码过程中时间过长的问题,文献 [18] 采用多 IPI 编码的方式在一次心搏周期生成足够长的二进制序列,此方法可以快速生成所需数据。为数据提取方便,本书采用单脉搏传感器采集数据。

PPG 信号中的 IPI 编码过程如图 3-3 所示,左边为 PPG 信号,右边为二进制编码器(binary encoder,BE),IPI 数据通过 BE 编码生成对应二进制序列。为了提高 IPI 数据的精确度,一个 IPI 数据通过一个脉搏传感器在多次心搏周期中的脉搏间隔均值计算,易于编程和硬件实现。同时,二进制编码器 BE 选择格雷编码的方式对 IPI 进行编码。格雷编码方式具有错误最小化特性,能够减少相邻 IPI 因为干扰噪声对生成二进制编码序列的影响,增强了 IPI 二进制编码序列抗干扰的能力。例如,相邻二进制编码"0111"和"1000"之间海明距离为 4,而对应的格雷编码"0100"和"1100"间的海明距离为 1,极大减小了外界噪声对编码序列的干扰。

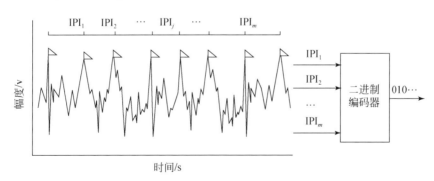

图 3-3 IPI 二进制编码

对 IPI 进行编码时,一个 IPI 被编码为 6 位格雷编码,则 11 个 IPI 可编码为 64 位长二进制序列,最高两位已删除。编码规则如下,给定一个 IPI,首先通过整除运算对 IPI 进行无量纲化，将数值映射到我们需要的一个数值区间。同时，对 IPI 进行去噪处理，减小不同 IPI 间的差异。无量纲化后的值 $val = \lfloor IPI/scale + 0.5 \rfloor$，其中，scale 为量化尺度参数。量化尺度参数决定了消除 IPI 间差异的程度，本书取 $scale = 25\ 000\mu s$。然后得到对应 6 位 ASCII 码 bin，位数如果不够，可以高位补零。最后将此 ASCII 码 bin 转换为对应格雷编码 Gray，算式为

$$\begin{cases} \text{Gray}_i = \text{bin}_i, \quad i = 5 \\ \text{Gray}_i = \text{bin}_i \oplus \text{bin}_{i+1}, \ 0 \leqslant i < 5 \end{cases} \tag{3-1}$$

如对于脉搏间隔 $975\ 000\mu s$，其 $val = \lfloor 975\ 000/25\ 000 + 0.5 \rfloor = 39$，$bin = 100111$，$Gray = 110100$。

上述 IPI 编码方案确保用户同步 IPI 二进制编码序列间具有良好的匹配度。给定一个 64 位二进制编码序列 U，其熵可以通过下式计算，$H(U) = -(P_0 \log_2 P_0 + P_1 \log_2 P_1)$，其中，$P_0$ 和 P_1 分别为二进制序列 U 中 "0" 和 "1" 的概率。测试时，二进制序列 U 的数目从 1 开始，数量逐渐增加到 105。熵测试结果表明本书 64 位 IPI 二进制编码序列的熵大于 0.93，随机性良好，如图 3-4 所示，横坐标为二进制编码序列 U 的数目，纵坐标为熵值。

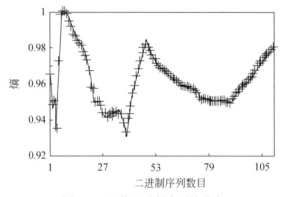

图 3-4 64 位二进制序列熵分布

可穿戴设备认证协议的研究现主要集中在设备物理特征或用户生物特征上。本书为增强认证协议安全，同时将设备物理特征和生物传感器自身的 PPG 信号引入协议中，提出了基于 PUF 和 IPI 的双因子认证协议 TFAP。

3.1.3 双因子认证协议 TFAP

本节详细介绍了双因子认证协议 TFAP。不同于基于 PUF 或者 IPI 的认证协议，TFAP 保证了设备物理特征和用户生物特征的双重唯一性。

TFAP 应用 PUF 和 IPI 双因子实现认证的原理如图 3-5 所示，用户身上数据中心（如手持仪）和认证节点组成一个体域网，协议参与双方分别为数据中心和认证节点。每个传感器节点都是被认证方，可信数据中心为认证方，并存有节点的 PUF 模型。假设节点 A 要向中心认证，节点 A 和中心首先利用同步 IPI 二进制序列作为 PUF 和 PUF 模型的输入。然后分别得到 PUF 和 PUF 模型的输出响应结果。最后，根据输出响应结果，中心比较两者

之间的海明距离，判断节点 A 认证成功是否，若海明距离小于给定阈值 T，则认证成功。

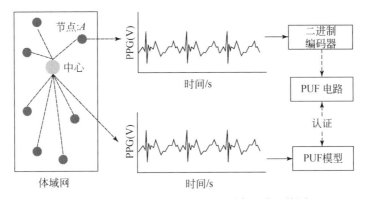

图 3-5　TFAP 应用 PUF 和 IPI 双因子实现认证的原理

　　注意，认证时，假设数据中心为一个诚实认证方，能对传感器节点进行认证。同时，只有可信实体能将 PUF 模型授权给其他诚实的认证方。TFAP 算法认证流程和示意图如图 3-6 和图 3-7 所示，TFAP 认证协议中主要参数见表 3-1。

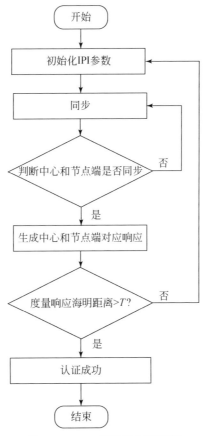

图 3-6　TFAP 算法认证流程图

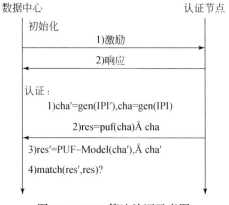

图 3-7　TFAP 算法认证示意图

表 3-1　TFAP 认证协议中参数符号

参数符号	描述
IPI′	数据中心记录的用户脉搏间隔，如 969 813 μs
IPI	认证节点记录的用户脉搏间隔
cha′	IPI′生成激励，为 64 位二进制编码序列
cha	IPI 生成激励，为 64 位二进制编码序列
res′	数据中心输出结果，为 64 位二进制序列
res	认证节点输出结果，为 64 位二进制序列
T	海明距离阈值，为协议是否认证成功的判断参数

　　TFAP 的第一阶段为初始化。数据中心向传感器节点发送激励（challenges），传感器节点将收到的激励作为 PUF 输入，得到对应输出响应（responses），并把响应结果返回给数据中心。数据中心根据收集到的 CRPs 完成 PUF 建模，之后物理毁坏 PUF 物理访问接口，防止敌手通过此接口获取 CRP。

　　TFAP 的第二阶段为认证。认证时，数据中心和认证节点不需预先存储协商密钥，认证双方利用同步 IPI 二进制编码序列作为共享秘密种子，避免秘密信息在无线通信中泄露。

　　协议认证具体流程如下所示。

　　步骤 1，数据中心和认证节点分别利用同步采集的脉搏间隔 IPI′和 IPI 作为二进制编码器 BE 生成函数 gen( ) 的输入，经过编码之后，得到对应的 64 位长二进制序列，此序列作为激励 cha′和 cha。

　　步骤 2，认证节点采用激励 cha 作为 PUF 电路的输入，得到对应输出响应。此输出响应进一步与 cha 异或（⊕）后，得到最后输出结果 res，并发送给数据中心，以用于海明距离度量。

　　步骤 3，数据中心采用 cha′作为 PUF 模型的输入，得到对应输出响应。此输出响应进一步与 cha′异或（⊕）后，得到最后输出结果 res′。

步骤4，数据中心比较 res′ 与接收到的 res，若两者间海明距离小于给定阈值 T，认证成功，否则认证失败。

3.1.4　性能分析

本节对 TFAP 的性能和安全性进行分析。设备节点端的协议基于 Altera 公司 Cyclone 开发板实现，硬件描述语言为 Verilog HDL。数据中心端的协议基于软件实现，编程语言为 Java。脉搏传感器为即插即用的光电容积型，可从用户手指或者耳垂捕获 PPG 信号。

1. 度量参数

本书主要通过拒真率（false rejection rate，FRR）和认假率（false acceptance rate，FAR）来对实验结果进行评估。

FRR：使用同一用户同步 IPI 二进制编码序列作为 PUF 电路和 PUF 模型的输入，得到最终输出结果，两者间海明距离大于等于阈值 T 的概率，即把真认成假的概率。

FAR：使用同一（不同）用户异步 IPI 二进制编码序列作为 PUF 电路和 PUF 模型的输入，得到最终输出结果，两者间海明距离小于阈值 T 的概率，即把假认成真的概率。

FRR 和 FAR 都用到了海明距离，两个二进制编码序列之间的海明距离定义如式 (3-2)[13,7] 所示。

$$HD(C_x, C_y) = \sum_{i=1}^{n} (| C_x[i] - C_y[i] |) \tag{3-2}$$

式中，C_x 和 C_y 为二进制序列；$C_x[i]$，$C_y[i] \in \{0, 1\}$ 为序列中第 i 位的值。例如，序列 "01001000" 和 "00101000" 间海明距离为 2。$HD(C_x, C_y)$ 越大，两个二进制序列间的差异性越大。

2. 性能对比

数据采集时，脉搏间隔 IPI 和 IPI′ 通过 2 个传感器分别在左手和右手食指上测得。数据经过二进制编码器 BE 编码后得到二进制序列 cha 和 cha′，两者间海明距离在不同情形下的累积分布函数不同。例如，若不同 cha 和 cha′ 间海明距离 sample = [1, 12, 6, 12, 10]，本书可通过 MATLAB 函数 cdf( ) 得到 sample 的累积分布函数。实验中，分别对 100 组数据进行测试。

从实验结果可以看出，同一用户同步 IPI 二进制编码序列间差异最小，基准时间、间隔 2h 和 4h 下，同步二进制序列间海明距离 90% 以上小于 5，其累积分布函数如图 3-8 所示。

为测试不同用户其 IPI 编码序列之间的差异，我们将不同用户分成甲乙丙三组进行比较。结果发现不同用户异步 IPI 二进制编码序列之间的差异最大，用户甲、用户乙和用户丙对应二进制序列与基准时间二进制序列间的海明距离 90% 以上大于 15，其累积分布函数如图 3-9 所示。

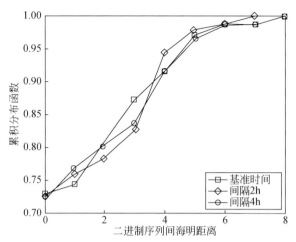

图 3-8 同一用户同步 IPI 二进制序列间海明距离的累积分布函数

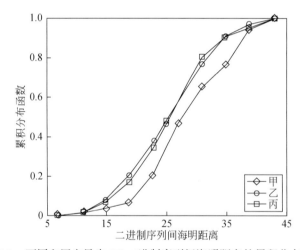

图 3-9 不同和用户异步 IPI 二进制序列间海明距离的累积分布函数

同一用户异步 IPI 二进制编码序列之间的差异居于上述两者之间，间隔 2h、4h 和 6h 下，同一用户异步 IPI 二进制序列与基准时间二进制序列间的海明距离 90% 以上大于 10，其累积分布函数如图 3-10 所示。

获得 IPI 二进制编码序列 cha 和 cha′之后，比较输出结果 res 和 res′间的海明距离是否小于给定阈值 T，现通过 FRR 和 FAR 对认证协议 TFAP 进行评估。

假设 PUF 模型准确率为 100%，若 cha 和 cha′为同一用户同步 IPI 二进制编码序列，协议的 FRR 如图 3-11 所示。可看出，FRR 随着阈值 T 的变小而升高。例如，当 $T=28$ 时，FRR 均值为 12.8%，$T=25$ 时，FRR 均值为 19.8%。注意，当阈值 T 小于 21 时，FRR 固定不变，这表明 74.6% 的同一用户同步 IPI 二进制编码序列具有高度相似性。

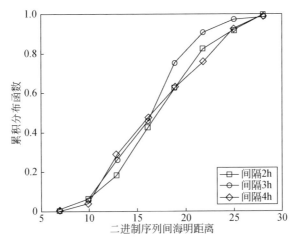

图 3-10　同一用户异步 IPI 二进制序列海明距离的累积分布函数

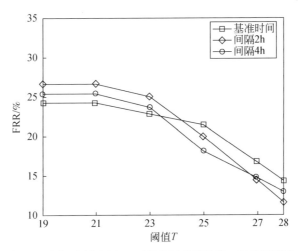

图 3-11　同一用户同步 IPI 情形中不同阈值 T 下的拒真率

　　若 cha 和 cha′为同一（不同）用户异步 IPI 二进制编码序列，协议的 FAR 如图 3-12 和图 3-13 所示。可看出，FAR 随着阈值 T 的变小而快速降低。例如，当 T = 21 时，同一（不同）用户情况下，其 FAR 接近于 0 或等于 0。这表明当阈值 T 小于 21 时，FAR 基本不受阈值 T 的影响。

　　当阈值 T = 28 时，FRR 最小，FAR 最大，当阈值 T = 19 时，FRR 最大，FAR 最小。阈值 T 正比于 FAR，反比于 FRR。为均衡 FRR 和 FAR，可取 T = 21，此时 FRR 为 25.4%，平均 FAR 为 0.25%，总误差近似为 25.65%。详细实验结果见表 3-2。

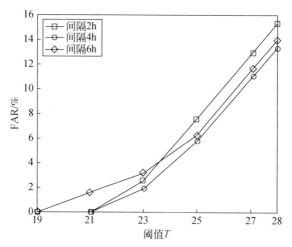

图 3-12　同一用户异步 IPI 情形中不同阈值 T 下的认假率

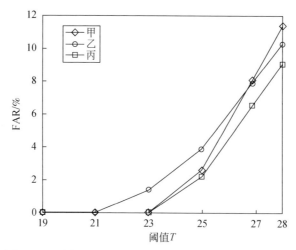

图 3-13　不同用户异步 IPI 情形中不同阈值 T 下的认假率

表 3-2　实验结果　　　　　　　　　　　　　　　　　　（单位:%）

T	FRR	FAR（同一用户）	FAR（不同用户）
28	12.8	14.2	10.2
25	19.8	6.4	2.8
23	23.8	2.5	0.4
21	25.4	0.5	0
19	25.4	0	0

　　为降低 FAR，可以直接减小阈值 T。然而根据上述实验结果，阈值 T 减小，FAR 减小的同时 FRR 升高。如何减小 FAR 的同时降低 FRR 是需要进一步考虑的问题。事实上，IPI

不可避免地含有噪声，含噪 IPI 二进制编码序列对 FRR 影响较大。为降低 FRR，一方面需适当地对编码前 IPI 降噪，另一方面可通过多个脉搏传感器在一次心搏周期中的脉搏间隔均值计算 IPI。

3. 安全性分析

本书中阈值 $T = 21$，脉搏间隔生成激励 cha、cha′ 和输出结果 res、res′ 码长为 64。现对 TFAP 安全性进行分析，主要包括建模攻击、妥协攻击、假冒攻击和重放攻击。

（1）建模攻击是基于延迟 PUF 面临的一种主要威胁。可利用散列函数[26]、轻量级加密[27] 和多 PUF 异或[7] 的方式来克服此攻击。给定一个含 n 个延迟单元的 PUF，建立一个误判率为 ϵ 的 PUF 模型，CRPs 的最小数量 Num_m 必须满足[22]：

$$\text{Num}_m = O\left(\frac{n}{\epsilon}\right) \tag{3-3}$$

为增加建模复杂度，本书采用 4-异或 PUF，同时引入了用户生物特征 IPI 来阻止建模攻击。一方面，4-异或 PUF 模型所需 CRP 数量远大于单一 PUF 模型所需 Num_m[22]；另一方面，采取 puf（cha）与 cha 异或操作，使得协议传输值 res 仅暴露最少有用信息。敌手需要面临 2^n 次判断才能获取到"原始"响应值，即敌手需要进行 $\text{Num}_m \times 2^n$ 轮认证才能获取到 PUF 建模所需最小数量的 CRPs，其最小数量必须满足式（3-4）：

$$O(\text{Num}_m \times 2^n) \tag{3-4}$$

式（3-4）为 2^n 指数增长。

（2）妥协攻击利用体域网中妥协节点向数据中心发送错误信息，将危及用户安全[28]。在 TFAP 中，采取双因子进行认证，认证节点必须基于 PUF 和实时 IPI 才能认证成功。假设体域网中某节点对敌手妥协。例如，某个丢失传感器被敌手获得，然而敌手发起的认证将会失败，因为妥协节点不能获取实时 IPI。

（3）假冒攻击利用体域网外部节点假冒正常节点，从而窃取用户生物特征，欺骗数据中心。一个非法节点潜入用户体域网并假冒成一个合法节点，在这种情况下，非法节点只能提供实时 IPI，而不能提供有效的设备物理特征，最终认证失败。假冒攻击示意图如图 3-14 所示，合法节点和中心节点可以根据用户同步 IPI 数据、PUF 电路及模型得到对应秘密种子，而非法节点仅通过窃取的 IPI 数据生成的种子无效。

（4）重放攻击利用一个有效数据重复传输以欺骗系统[29]。利用重复信息，敌手试图非法进入应用系统。在 TFAP 中，IPI 为实时数据，不同时刻的数据都不相同，历史或者将来数据不同于实时数据。同时，IPI 二进制编码序列 cha 和 cha′ 间细小的差异将导致输出结果 res 和 res′ 间巨大的变化，二进制序列间海明距离与输出结果转换概率之间的关系如图 3-15 所示。例如，输入二进制序列间 1 位的差异可能带来输出结果 50% 位数据的变化。因此，利用重复信息认证失败。

表 3-3 列出本书提出协议 TFAP 与其他几种典型认证协议之间的安全性比较。其中，T 表示能抵抗此攻击，F 表示不能抵抗此攻击，× 表示协议没有此攻击。

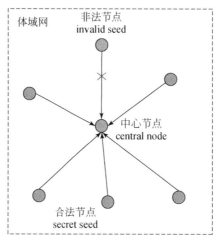

图 3-14   假冒攻击

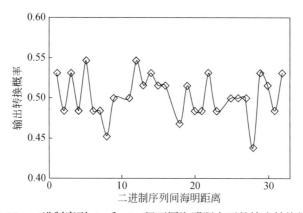

图 3-15   二进制序列 cha 和 cha′间不同海明距离下的输出转换概率

表 3-3   安全性比较

安全性比较	文献［5］	文献［7］	文献［13］	文献［16］	TFAP
建模攻击	×	T	T	×	T
妥协共计	T	F	F	T	T
假冒攻击	F	T	T	F	T
重放攻击	T	T	T	T	T

4. 实现分析

　　TFAP 采用多 PUF 并联和多 IPI 编码的方式实现。与基于 PUF[13,7] 或 IPI[5,16] 的认证协议相比，借助体域网自身脉搏传感器，TFAP 在实现上无须随机数发生器模块，只需将传感器自身 IPI 通过二进制编码器模块（binary encoder）转换为对应格雷编码。注意，binary encoder 包含两个子模块——ASCII encoder 和 Gray encoder。ASCII encoder 将 IPI 转换为自然二进制，可通过基本的与非门实现，Gray encoder 将二进制转换为对应格雷编码，可采用基本的异或门实现。总体上来说，TFAP 比上述两类认证协议多了一个 Gray encoder，主要是为了利用格雷编码的可靠性，使得格雷编码错误最小化。认证协议相关实现模块见表 3-4。

表 3-4 实现模块

协议	脉搏传感器	ASCII encoder	Gray encoder	PUF 电路与模型	随机数发生器
文献 [13, 7]	×	√	×	√	√
文献 [5, 16]	√	√	×	×	×
TFAP	√	√	√	√	×

若 IPI 数据已经缓存，在运算时间上，TFAP 主要包含两个部分。一部分是 binary encoder 消耗时间 $time_b$，为 11 个 IPI 数据编码成一个 64 位激励 cha 消耗时间。此模块通过 Java 编程实现，$time_b = 112$ ms，通过硬件实现可优化其运算速度。另一部分是 PUF 电路消耗时间 $time_p$，主要为 64 个脉冲信号通过 PUF 电路的时间。实验中，晶振为 25 MHz，为更好采集脉冲信号，经过倍频，使得时钟周期为 1 ms，则 $time_p = 64 \times 1$ ms $= 64$ ms，协议总运算时间约为 176 ms。

3.2 延迟 PUF 的安全性研究

PUF 是上层应用的基础，其安全性事关 TFAP 安全，PUF 输出响应中 "0" 和 "1" 的个数不能失衡。理论上，当两者个数相等时，输出响应熵值最大，此时 PUF 安全性最好。为降低仲裁器亚稳态和偏差导致的 PUF 响应不稳定和不平衡性，本书使用一个改进的平衡 D 触发器来减少 PUF 响应的输出偏向，并采用双 D 触发器级联，增强 PUF 安全性。

3.2.1 PUF 安全面临的挑战

基于延迟的 PUF 利用产品制造过程中的物理指纹来唯一标识某个设备，其输出结果难以预测，多应用于密钥、认证、知识版权等安全应用[24,26,30]。PUF 的输出结果与脉冲信号在上下电路中的延迟差相关，然而，上下电路的非对称性导致脉冲信号在电路中的延迟存在偏向，影响了输出结果的随机性，降低了 PUF 的安全性。PUF 电路需确保上下电路完全对称，其延迟仅与设备制造差异性相关[27,31]。

2002 年，Gassend 等[32]首次提出了基于延迟的 PUF，根据上下路径的延迟差输出结果，然而，PUF 的安全性受到建模攻击、亚稳态和非平衡结果影响[33]。为增强 PUF 安全性，Suh 和 Devadas[9]提出通过多 PUF 输出响应异或的方式输入最后结果，达到提高输出响应的随机性，以增强 PUF 安全性。例如，在 4-PUF 异或电路中，输入激励任何数据的变化将使得输出响应接近一半的数据发生变化，输出响应的翻转概率接近最优的 0.5[13,7]。

受互连结构限制，FPGA（field programmable gate arrays）布线不固定，导致 PUF 上下

路径完全对称在物理上不可行。为解决 PUF 线路布局对称问题，Majzoobi 等[31] 提出在 FPGA 中，通过可编程延迟线（programmable delay line，PDL）来抵消上下电路非对称性带来的延迟差异，并进一步采取多数表决的方式降低输出结果因 D 触发器亚稳态带来的不稳定性。针对 D 触发器仲裁器的非对称性，Capovilla 等[33] 提出利用平衡 SR 锁存器来改善 PUF 的输出偏向问题，增强 PUF 输出结果的随机性。然而，平衡 SR 锁存器易受毛刺脉冲影响，导致错误输出。为降低 D 触发器亚稳态和非对称性导致的输出结果不稳定和偏向，结合平衡 SR 锁存器带来的启发，通过对 D 触发器改进，提出一种平衡 D 触发器，并采用级联的方式增强输出结果的稳定性，减少非对称电路带来的输出偏向，即使得 PUF 响应中"0"和"1"的分布较为均衡，提高输出结果熵值。

3.2.2　PUF 应用框架与 D 触发器亚稳态

1. PUF 应用框架

PUF 利用硅器件不可克隆的内部制造差异性生成可测量的 CRPs[7]，CRPs 的唯一性和不可预测性确保了 PUF 的应用安全，PUF 应用框架如图 3-16 所示，PUF 应用框架底层为基于 PUF 的设备，中间层为使用的技术，顶层为 PUF 相关应用。

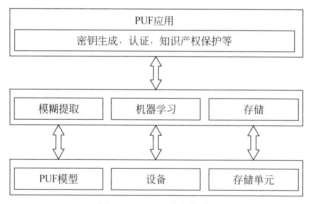

图 3-16　PUF 应用框架

PUF 生成密钥保存于易失性存储器，能够抵御攻击者通过物理入侵的方式获取秘密密钥。基于 PUF 的密钥按需生成，确保密钥安全[34]。与基于 PUF 的密钥类似，基于 PUF 的认证拥有极高的安全性。验证方利用机器学习的方法训练一个 PUF 模型，用于对节点进行认证[22,35]。与基于 PUF 模型的认证方案相比，基于存储 CRP 的传统认证方案[9]2 不利于应用的后期扩展。它需要在非易失性存储器或后台数据库存储大量 CRP，并在应用需要时从中取出一条 CRP 记录。基于 PUF 的设备为中间层提供底层支持，中间层技术服务于具体应用，如模糊提取可用于密钥生成，机器学习可用于认证，数据库存储可用于知识产权保护等。PUF 输出响应稳定性和平衡性越好，之上的应用服务越安全。

2. D 触发器亚稳态

D 触发器亚稳态是一种不良现象，会导致数字电路故障，并降低数据的可靠性[36]。D 触发器中亚稳态产生示意图如图 3-17 所示。

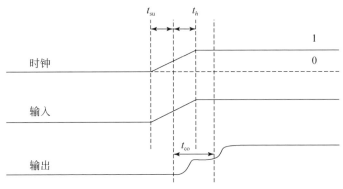

图 3-17　亚稳态产生示意图

D 触发器最小建立时间 t_{su} 是指时钟触发器上升沿来到之前，数据稳定不变的时间。保留时间 t_h 是指时钟触发器上升沿来到之后，数据保持不变（不翻转）的时间。t_{co} 是触发器数据输出延时。若数据传输中不满足触发器最小建立和保持时间，或者延时时间超过 t_{co}，亚稳态将会发生[37,38]。此时，D 触发器的输出结果不确定，可能是 "0"，也可能是 "1"，是一个随机值[39]。

3.2.3　基于平衡 D 触发器仲裁器的延迟 PUF

简化起见，除了多数表决和移位寄存器模块，本书基于文献［31］对基于 FPGA 的延迟 PUF 进行了改进。FPGA 是可编程器件，利用查询表来实现组合逻辑功能，并且允许无限次编程[31]。

1. 平衡 D 触发器

典型 D 触发器内部路径是非平衡的，这种非平衡结构不可避免地导致 D-到-Q 和 Clk-到-Q 线路上延迟差异，带来偏向评估[33]。为保持 PUF 电路物理上的对称，本书提出一种平衡 D 触发器，其内部结构如图 3-18 所示。

如图 3-18 右上角所示，典型 D 触发器的输入信号连接到不同的端口 "X" 和 "Y"，即绿色圆圈标记的端口。改进的平衡 D 触发器输入信号连接到相同位置的与非门端口 "X"，即红色圆圈标记的端口。这种结构改善了 D 触发器因线路延迟差异带来的偏向性评估。

2. 改进 PUF 电路

图 3-19 展示了改进 PUF 电路的逻辑结构。其主要包括三个模块、延迟链、校正链和

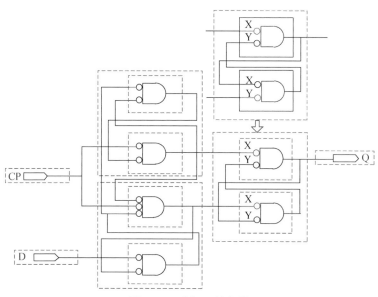

图 3-18　平衡 D 触发器

两级联平衡 D 触发器。延迟链和校正链电路结构相同，仅基于 PDL 的开关选择信号连接方式不同，前者上下路径选择信号连接在一起，后者选择信号分开连接。基于 PDL，查询表（lookup table）中信号传输路径可以通过输入值控制，因此，通过改变输入值，信号能够从不同路径通过，即可获取不同的延迟差异。校正链中的调整块便用于平衡信号路径不平衡带来的延迟差异[31]。

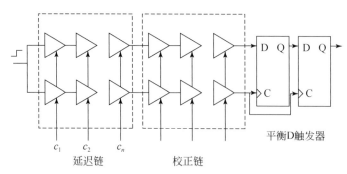

图 3-19　改进 PUF 电路

平衡 D 触发器进入亚稳态的时间可以用平均故障时间（mean time between failure，MTBF）来评估，MTBF 定义如式（3-5）所示。

$$\text{MTBF} = \exp^{t_r/\tau}/(T_w \times F_c \times F_d) \tag{3-5}$$

式中，t_r 为亚稳态发生后最大可用决断时间；F_c 为时钟频率；F_d 为输入数据变化频率；T_w 和 τ 为与器件电气、工艺特性相关的常数。在两级联平衡 D 触发器中，t_r 增加，则 MTBF 变得更大。

3.2.4 性能分析

1. 度量参数

PUF 输出响应的熵越高，其不可预测性和安全性越高[40]。本书通过熵测试来评估 PUF 输出响应偏差，熵定义如式（3-6）所示。

$$H = - \sum_{i=1}^{n} p(x_i) \log_2 p(x_i) \tag{3-6}$$

式中，$p(x_i)$，$i = 1$，$\cdots$，n 为随机变量 x_i 的输出概率。例如，给定二进制序列 "01011010"，其熵为 1。熵是一种测试二进制序列偏差的合适度量参数[41]。

2. 实验环境

本实验在 Altera FPGA 开发板上展开，它拥有功耗低、体积小等优点[42,43]。FPGA 开发板芯片为 Altera EP1C3T100，拥有 100 个针脚。FPGA 开发板如图 3-20 所示。

图 3-20　FPGA 开发板

开发工具为 Quartus 8.0；分析工具为 SignalTap Logic Analyzer，可监测和抽样数据；示波器为 Tektronix TDS 1012，其带宽为 100MHz，采样率为 1GS/s；信号发生器为 Gwinstek。FPGA 开发板中实验数据通过 JTAG（joint test action group）接口连接到电脑主机（CPU 为 Intel Core i5 2320，RAM 为 4.0GB），并将数据展示在电脑显示器。

3. PUF 输出响应的熵与可靠性

实验中，分别采用典型 D 触发器和平衡 D 触发器作为 PUF 电路的仲裁器，PUF 输出响应的熵如图 3-21 所示，反映了响应中 "1" 和 "0" 的输出偏向。

图 3-21 中横坐标为响应数，纵坐标为熵。总共对 7 组不同 PUF 响应进行了熵测试。从图 3-21 中可以看出，典型 D 触发器输出结果的熵不稳定，小于或者等于平衡 D 触发器输出结果的熵。这表明，两级联平衡 D 触发器输出结果的随机性良好，且电路更稳定。

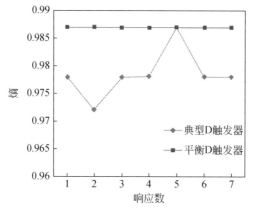

图 3-21　64 位 PUF 响应熵分布

图 3-22（a）展示了通过示波器 Tektronix TDS 1012 捕获的亚稳态输出。此时，D 触发器的输出结果不确定。输出结果的不确定将影响 PUF 响应中"0""1"分布的均衡，并导致逻辑误判。图 3-22（b）展示了两级联平衡 D 触发器的正常输出结果，级联电路降低了亚稳态发生的概率，并提高了 PUF 电路的可靠性。

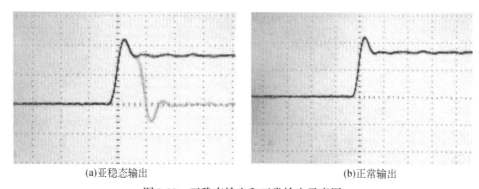

(a)亚稳态输出　　　　　　　　　　　　　　　　(b)正常输出

图 3-22　亚稳态输出和正常输出示意图

3.3　小　　结

针对健康服务中可穿戴设备，本书提出一种基于 PUF 和 IPI 的双因子认证协议 TFAP，并基于平衡 D 触发器增强了 PUF 的安全性。与其他基于 PUF 或 IPI 的认证协议相比，TFAP 具有较高安全性。在 Altera 公司 FPGA 开发板上，通过三组不同数据，验证了所提协议的实用性和有效性。

今后在这个研究领域的工作，可以结合密码方法设计可穿戴设备认证协议。需注意的是，由于可穿戴设备资源受限，认证协议需为低能耗的轻量级方案。为此，我们可以在协议中引入单向散列函数[44]，如安全散列标准 SHA-1 或者改进算法 SHA-256；也可以进一步优化 IPI 编码噪声带来的差异，并检验不同实验环境对平衡 D 触发器的影响。

参 考 文 献

[1] Akay M . Wiley Encyclopedia of Biomedical Engineering, 6-Volume Set. IEEE Computer Soc Pr, 2006 ： 327-348.

[2] Awad A, Mohamed A, Elfouly T. Energy-cost-distortion optimization for delay-sensitive m-health applications. Proceedings of the Wireless Telecommunications Symposium, 2015.

[3] Saxena D, Raychoudhury V, Srimahathi N. Smarthealth-ndnot ： Named data network of things for healthcare services. Proceedings of the The Workshop on Pervasive Wireless Healthcare, 2015：45-50.

[4] Francis T, Madiajagan M, Kumar V. Privacy issues and techniques in e-health systems. Proceedings of the ACM Sigmis Conference on Computers and People Research, 2015：113-115.

[5] Poon C C Y, Zhang Y T, Bao S D. A novel biometrics method to secure wireless body area sensor networks for telemedicine and m-health. IEEE Communications Magazine, 2006, 44(4)：73-81.

[6] Kong J, Koushanfar F, Pendyala P K, et al. Pufatt：Embedded platform attestation based on novel processor-based pufs. Proceedings of the Design Automation Conference, 2014：1-6.

[7] Majzoobi M, Rostami M, Koushanfar F, et al. Slender PUF protocol：A lightweight, robust, and secure authentication by substring matching. Proceedings of the IEEE Symposium on Security and Privacy Workshops, San Francisco, CA, USA, 2012：33-44.

[8] Pappu R. Physical one-way functions. Science, 2002, 297(5589)：2026-2030.

[9] Suh G E, Devadas S. Physical unclonable functions for device authentication and secret key generation. Proceedings of the Design Automation Conference, San Diego, CA, USA, 2007：9-14.

[10] Bassil R, El-Beaino W, Kayssi A, et al. A PUF-based ultra-lightweight mutual-authentication RFID protocol. Proceedings of the Internet Technology and Secured Transactions, Abu Dhabi, United Arab Emirates, 2012：495-499.

[11] Akgün M, Çağlayan M U. Providing destructive privacy and scalability in RFID systems using PUFs. Ad Hoc Networks, 2015, 32(C)：32-42.

[12] Jin Y, Xin W, Sun H, et al. PUF-based RFID authentication protocol against secret key leakage. Proceedings of the Asia-Pacific Web Conference, 2012：318-329.

[13] Rostami M, Majzoobi M, Koushanfar F, et al. Robust and reverse-engineering resilient PUF authentication and key-exchange by substring matching. IEEE Transactions on Emerging Topics in Computing, 2014, 2(1)：37-49.

[14] Delvaux J, Peeters R, Gu D, et al. A survey on lightweight entity authentication with strong PUFs. Acm Computing Surveys, 2015, 48(2)：26.

[15] Zheng G, Fang G, Shankaran R, et al. An ecg-based secret data sharing scheme supporting emergency treatment of implantable medical devices. Proceedings of the International Symposium on Wireless Personal Multimedia Communications, Sydney, Australia, 2014：624-628.

[16] Bao S D, Zhang Y T, Shen L F. Physiological signal based entity authentication for body area sensor networks and mobile healthcare systems. Proceedings of the International Conference of the Engineering in Medicine & Biology Society, 2005：2455.

[17] Zheng G, Fang G, Orgun M A, et al. A non-key based security scheme supporting emergency treatment of wireless implants. Proceedings of the IEEE International Conference on Communications, 2014：647-652.

[18] Zhang G H, Poon C C Y, Zhang Y T. A fast key generation method based on dynamic biometrics to secure

wireless body sensor networks for p-health. Proceedings of the International Conference of the IEEE Engineering in Medicine & Biology,2010：2034.

[19] Zhang G H,Poon C C,Zhang Y T. Analysis of using interpulse intervals to generate 128-bit biometric random binary sequences for securing wireless body sensor networks. IEEE Transactions on Information Technology in Biomedicine A Publication of the IEEE Engineering in Medicine & Biology Society,2012,16(1)：176-182.

[20] Venkatasubramanian K K,Banerjee A,Gupta S K S,et al. 2008. Ekg-based key agreement in body sensor networks. IEEE INFOCOM Workshops,2008 ：1-6.

[21] Tehranipoor M,Wang C. 2012. Introduction to Hardware Security and Trust. New York：Springer.

[22] Rührmair U,Sehnke F,Sölter J,et al. Modeling attacks on physical unclonable functions. Proceedings of the 17th ACM conference on Computer and communications security,Chicago,Illinois,USA,2010：237-249.

[23] Lim D,Lee J W,Gassend B,et al. Extracting secret keys from integrated circuits. IEEE Transactions on Very Large Scale Integration Systems,2005,13(10)：1200-1205.

[24] Bhargava M,Mai K. An efficient reliable PUF-based cryptographic key generator in 65nm cmos. Proceedings of the Design,Automation and Test in Europe Conference and Exhibition,2014：1-6.

[25] 刘光达,郭维,朱平,等．基于容积波分析的血氧饱和度测量系统．激光与红外,2009,39(2)：169-172.

[26] Che W,Saqib F,Plusquellic J. PUF-based authentication. Proceedings of the Ieee/acm International Conference on Computer-Aided Design,2015：337-344.

[27] Cherif Z,Danger J L,Lozac'H F,et al. Evaluation of delay PUFs on cmos 65 nm technology：Asic vs FP-GA. Proceedings of the International Workshop on Hardware and Architectural Support for Security and Privacy,2013：1-8.

[28] Das M L. Two-factor user authentication in wireless sensor networks. IEEE Transactions on Wireless Communications,2009,8(3)：1086-1090.

[29] Shelton J,Jenkins J,Roy K,et al. Genetic based local ternary pattern feature extraction for mitigating replay attacks. Proceedings of theSoutheastcon,2016：1-2.

[30] Zhang J,Wu Q,Lyu Y,et al. Design and implementation of a delay-based PUF for FPGA IP protection. International Conference on Computer-Aided Design,2013：107-114.

[31] Majzoobi M,Koushanfar F,Devadas S. FPGA PUF using programmable delay lines. Proceedings of the IEEE International Workshop on Information Forensics and Security,2010：1-6.

[32] Gassend B,Clarke D,Dijk M V,et al. Silicon physical random functions. Proceedings of the ACM Conference on Computer and Communications Security,Washington D C,USA,2002：148-160.

[33] Capovilla J,Cortes M,Araujo G. Improving the statistical variability of delay-based physical unclonable functions. Proceedings of the 28th Symposium on Integrated Circuits and Systems Design,2015：1-7.

[34] Eichhorn I,Koeberl P,Leest V V D. Logically reconfigurable PUFs：Memory-based secure key storage. Proceedings of the ACM Workshop on Scalable Trusted Computing,2011：59-64.

[35] Ruhrmair U,Solter J. PUF modeling attacks：An introduction and overview. Proceedings of the Design, Automation and Test in Europe Conference and Exhibition,2014：1-6.

[36] Chen D,Singh D,Chromczak J,et al. A comprehensive approach to modeling,characterizing and optimizing for metastability in fpgas. Proceedings of the Acm/sigda International Symposium on Field Programmable Gate Arrays,2010：167-176.

[37] Beer S,Ginosar R,Cox J,et al. Metastability challenges for 65nm and beyond；simulation and measure-

ments. Proceedings of the Design, Automation & Test in Europe Conference & Exhibition, 2013: 1297-1302.

[38] Sannena G, Das B P. A metastability immune timing error masking flip-flop for dynamic variation tolerance. Proceedings of the Great Lakes Symposium on VLSI, 2016 International, 2016: 151-156.

[39] Beer S, Cannizzaro M, Cortadella J, et al. Metastability in better-than-worst-case designs. Proceedings of the IEEE International Symposium on Asynchronous Circuits and Systems, 2014: 101-102.

[40] Robbert V D B, Skoric B, Vincent V D L. Bias-based modeling and entropy analysis of PUFs. Future Generation Computer Systems, 2013, 23(7): 904-912.

[41] Yang B, Rozic V, Mentens N, et al. Embedded HW/SW platform for on-the-fly testing of true random number generators. Proceedings of the Design, Automation & Test in Europe Conference & Exhibition, 2015: 345-350.

[42] Ebeling C, How D, Lewis D, et al. Stratix™ 10 high performance routable clock networks. Proceedings of the Acm/sigda International Symposium on Field-Programmable Gate Arrays, 2016: 64-73.

[43] Lewis D, Chiu G, Chromczak J, et al. The stratix™ 10 highly pipelined FPGA architecture. Monterey, California, USA, 2016, 159-168.

[44] Das A K, Wazid M, Kumar N, et al. Design of secure and lightweight authentication protocol for wearable devices environment. IEEE Journal of Biomedical & Health Informatics, 2017, (99): 1.

| 第 4 章 | 可穿戴设备空间数据差分隐私发布算法

在这一章中，首先，论述了空间数据发布研究的问题背景，然后给出了斐波拉契数列和问题的定义。其次，本章介绍了空间数据发布的基本方案，基于 FA 策略的空间数据发布方案和基于单元格划分的数据发布方案，并给出了相关理论分析。最后，通过人工和真实数据集对方案进行了实验验证。

4.1 空间数据发布面临的挑战

当前，物联网快速发展，可穿戴设备越加繁荣，使得数据的获取日益容易，如用户的移动轨迹数据、购物记录数据和办公（家庭）地址数据等，所有这些由位置点构成的数据称之为二维地理空间数据。通过对地理空间数据分析，能获取很多有价值的信息。对于交通部门，通过分析用户移动轨迹数据，得到当前交通状况，为城市交通系统提供数据支持；对于商家，通过分析用户购物记录数据或车辆移动轨迹数据，得到用户感兴趣的区域或者聚集地，为商业布局提供数据支持；对于城市规划部门，通过分析用户家庭地址数据，得到城市住宅布局信息，为城市规划提供数据支持；对于卫生部门，通过分析用户移动医疗位置信息，预测疾病流行趋势，为疾病预防提供数据支持。

这些数据的发布共享能够为我们提供很多便利，然而，数据的发布不可避免的涉及用户隐私。传统基于匿名的方法具有诸多隐私泄露风险[1,2]，也不能为用户隐私提供可量化的保护，而差分隐私是经过证明的，一种安全可控的隐私保护方法。

隐私空间分解[3]将一个位置空间划分成一个个小空间，然后统计每个小空间中的点数统计值，并基于小空间点数统计值进行查询，增加了数据查询精度。

Fan 等[4]利用完全四叉树对数据进行划分，直接将数据空间划分成四等份。与 kd-树划分[5,6]相比，四叉树迭代划分效率高，并且，不需花费额外的隐私预算保护中值数。Fan 等直接将数据划分为 $w \times w$ 大小的单元格，然后，向每个单元格中分别添加噪声。然而，当数据比较稀疏时，会导致较大误差。为了降低添加噪声，提高数据精确度，Fan 等将相似单元格合并到一个组/划分中以克服数据的稀疏性。数据合并完成后，向每个划分 p_i 中添加噪声 noise，则 p_i 中每个单元格噪声为 $\text{noise}/p_i \cdot \text{size}()$，$p_i \cdot \text{size}()$ 为此划分 p_i 中单元格个数，降低了添加噪声大小。Qardaji 等[7]针对空间数据，从数据域的划分粒度出发，研究如何构建差分隐私数据集，此种数据划分可看作基于 n 叉树的划分。

然而，上述方法中，隐私预算分配常为均匀分配，很少利用非均匀分配。Cormode 等[3]基于完全四叉树提出 Quad-opt 算法，此算法主要采用等比预算分配策略为四叉树每层分配不同隐私预算，以提高查询精度。此方案以所有节点总方差最小进行分析，然而，实际查询时可能只涉及四叉树底层少数节点，进而影响查询精度。

从此受到启发，针对差分隐私可穿戴设备空间数据发布，本章提出一种新的隐私预算分配方案。此方案利用斐波拉契数列性质为四叉树每层分配不同隐私预算，本书称之为斐波拉契预算分配（Fibonacci allocation，FA）。在数据查询时，注意查询主要利用四叉树的下层节点进行计算，当下层节点分配的预算较大时，查询误差较小，而 FA 策略下四叉树底层节点分配的预算恰好大于等比分配方案下对应预算。极端地，当所有预算全部分配给叶子节点时，查询精度反而变差。详细理论分析与验证见 4.3 节。人工数据集和真实数据集上的实验结果表明，数据查询时，在相同隐私保护水平下，采用 FA 能够显著提高数据查询精度，并通过后置处理和阈值判断进一步增强了数据的可用性。

4.2 斐波拉契数列与问题定义

4.2.1 斐波拉契数列

定义 4-1 广义斐波拉契数列[8]：

斐波拉契数列 $\{f_n\}$ 定义为 $f_1 = 1$，$f_2 = 1$，$f_{n+2} = f_{n+1} + f_n$，$n = 1, 2, \cdots$，若将最初两项取为实数 a，b，则数据 $\{u_n\}$：u_1，u_2，$u_{n+2} = u_{n+1} + u_n$，$n = 1, 2, \cdots$ 称为广义斐波拉契数列。

斐波拉契数列又称黄金分割数列[9]，具有如下性质。

性质 4-1 $\{u_n\}$ 的通项公式：

$$u_n = \frac{1}{2\sqrt{5}} \left[(3a - b) - \sqrt{5}(a - b) \right] \left(\frac{1 + \sqrt{5}}{2} \right)^n - \frac{1}{2\sqrt{5}} \left[(3a - b) + \sqrt{5}(a - b) \right] \left(\frac{1 - \sqrt{5}}{2} \right)^n,$$

$n = 1, 2, \cdots$，若 $a = b$，则 $\{u_n\}$ 的通项公式可以简化为 $u_n = \frac{b}{\sqrt{5}} \left[\left(\frac{1+\sqrt{5}}{2} \right)^n - \left(\frac{1-\sqrt{5}}{2} \right)^n \right]$，$n = 1$，$2, \cdots$。

性质 4-2 $u_1 + u_2 + \cdots + u_n = u_{n+2} - b$。

4.2.2 问题定义

设四叉树深度为 h，其中，叶子节点深度为 0，根节点深度为 h。现为四叉树中每层节点分配隐私预算 ϵ_i，$\sum_0^h \epsilon_i = \epsilon$，则根据性质 2-1，此方案满足 ϵ-差分隐私。

给定一个二维空间数据集 D，向其统计频数中添加服从拉普拉斯分布的噪声并对外发布扰动数据集 $\tilde{D}$，本书的目的是，如何对数据集的二维空间进行划分并分配隐私预算 ϵ，使得在给定隐私预算下，尽可能提高统计频数查询结果的精度。

首先，利用四叉树对数据进行递归划分，从根节点开始，直至达到预定义树深 h 为止。划分时，向四叉树中每个节点添加独立同分布的拉普拉斯噪声 $Lap(1/\epsilon_i)$，以掩盖节点中真实数据 $count_j$，并得到一个对应含噪计数 $ncount_j$。注意，若某节点中的位置点含噪计数小于阈值 T，如 $T=3$，则此节点不再进一步划分。其次，可以利用限制推理的方式对扰动数据进行后置优化。最后，对外发布优化后的扰动数据，如图 4-1 所示，从根节点 a 开始划分，直到树深 $h=2$ 为止，划分时，由于节点 d 的点数小于阈值 $T=3$，则停止划分。

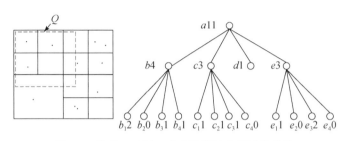

图 4-1　隐私四叉树：真实计数被含噪计数代替

给定一个查询矩形 Q，根据落在矩形 Q 中的数据点数得到查询结果。从根节点开始，如果节点完全包含在矩形 Q 中，则噪声计数完全添加到总数中，如果节点部分包含，则判断此节点的子节点，直到达到叶子为止。如果叶子为部分包含，此时，假设节点中数据为均匀分布，计算此叶子节点和查询矩阵交叉部分点数。例如，如果节点四分之一包含在查询矩阵中，则此节点数的四分之一被查询矩阵包含。

4.3　基于 FA 策略的空间数据差分隐私发布算法

本节首先介绍了空间数据发布基本方案，然后详细阐述了 FA 策略，最后，结合 FA 策略和后置优化处理，提出了基于 FA 策略的差分隐私空间数据发布方案。

4.3.1　基本方案

一种基本隐私预算分配方案是为完全四叉树每层分配相同预算 $\epsilon_i = \epsilon/h+1$，$i=1$，$2$，$\cdots$，$h$，然后根据预算 ϵ_i 的值向每层节点中添加独立噪声 $Lap(1/\epsilon_i)$，最后对外发布扰动后数据。基本方案流程如图 4-2 所示。在算法 4 中对此方案进行了描述，第 3 行表示通过拉普拉斯机制为每个节点真实计数提供 ϵ_i–差分隐私保护，此方案满足 ϵ 差分隐私（$\sum_0^h \epsilon_i = \epsilon$）。

算法 4　Uniformity-standard（Ust）

输入:Original data D,privacy budget ϵ,tree depth h

输出:Sanitized data D

1: **for** all nodes at level i of quadtree **do**

2: $ncount_j \leftarrow$ perturb note count $count_j$ by $Lap\,(1/\epsilon_i)$

3：$\epsilon_i = \epsilon / h + 1$

4：end for

5：return $\tilde{D}$

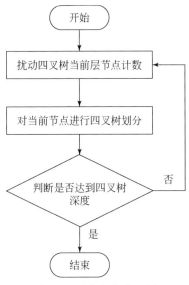

图 4-2　基本方案流程图

另一种基本隐私预算分配方案是仅为完全四叉树叶子层分配预算 ϵ，其他层不分配预算，根据预算 ϵ 向叶子节点添加噪声 Lap（$1/\epsilon$），对外仅发布叶子层扰动数据。类似，此方案也满足 ϵ –差分隐私。

4.3.2　FA 策略

对于四叉树的每层 level_i，$i = 0$，1，$\cdots$，h，为每层分配隐私预算 ϵ_i，$i = 0$，1，$\cdots$，h，满足 $\epsilon_i = \epsilon_{i+1} + \epsilon_{i+2}$ 和 $\sum\limits_0^h \epsilon_i = \epsilon$。注意，叶子层预算为 ϵ_0，根节点层预算为 ϵ_h，在本书中，取 $a = b$，有

$$\epsilon_i = \frac{b}{\sqrt{5}}\left(\left(\frac{1+\sqrt{5}}{2}\right)^{h-i+1} - \left(\frac{1-\sqrt{5}}{2}\right)^{h-i+1}\right)，\ i = 0，1，\cdots，h \qquad (4\text{-}1)$$

或者 $\{\epsilon_{h-i}\} = b$，b，$2b$，$3b$，$5b$，$\cdots$，$i = 0$，1，$\cdots$，h，其中，

$$b = \frac{\sqrt{5}\,2^{h+3}\epsilon}{\left(1+\sqrt{5}\right)^{h+3} - \left(1-\sqrt{5}\right)^{h+3} - 2^{h+3}\sqrt{5}} \qquad (4\text{-}2)$$

证明：根据性质 4-2，由 $\epsilon = \epsilon_h + \epsilon_{h-1} + \cdots + \epsilon_0 = \epsilon_{-2} - b$，得 $\epsilon_{-2} = \epsilon + b$，代入式（4-1）得

$$\frac{b}{\sqrt{5}}\left[\left(\frac{1+\sqrt{5}}{2}\right)^{h+3}-\left(\frac{1-\sqrt{5}}{2}\right)^{h+3}\right]=\epsilon+b$$

解得

$$b=\frac{\sqrt{5}\,2^{h+3}\epsilon}{\left(1+\sqrt{5}\right)^{h+3}-\left(1-\sqrt{5}\right)^{h+3}-2^{h+3}\sqrt{5}}$$

4.3.3 扰动数据后置优化

文献［10］提出了限制推理的方法，能进一步提高输出数据的精度，核心是利用父节点计数等于其孩子节点计算这个一致性约束。被 Cormode 等[3]和 Qardaji 等[7]用于数据分层结构下的推理求精。

给定一棵四叉树，如图 4-1 所示，有一个根节点 a 和四个孩子节点 $\{b, c, d, e\}$ 与若干孙子节点，每个节点的噪声计数为 ncount_j，$j \in \{a, b, c, d, e, \cdots\}$，首先采用均匀分配为第每层分配 $\epsilon/3$ 预算。很明显，有两种方法计算根节点 a 的统计值 Y_a，一种是根节点 a 自身统计值 ncount_a，另一种是通过根节点 a 的所有孩子节点的统计值来进行计算，即 $\mathrm{ncount}_{\mathrm{children}(a)}=\mathrm{ncount}_b+\mathrm{ncount}_c+\mathrm{ncount}_d+\mathrm{ncount}_e$。现在，本书通过两种方法的平均值来计算，具体过程如下。

$$Y_a=\frac{\mathrm{ncount}_{\mathrm{children}(a)}}{2}+\frac{\mathrm{ncount}_a}{2}$$

$$D(Y_a)=\frac{D(\mathrm{ncount}_{\mathrm{children}(a)})}{4}+\frac{D(\mathrm{ncount}_a)}{4}$$

$$=\frac{5D(\mathrm{ncount}_a)}{4}$$

$$=\frac{5}{4}D[\mathrm{Lap}(\epsilon_i)]$$

$$=\frac{5}{4}\frac{2}{\left(\frac{\epsilon}{3}\right)^2}$$

$$=\frac{45}{2\epsilon^2}$$

上述根据平均值计算根节点统计值时方差大于直接根据根节点自身计算时方差。若 $Y_a=(\mathrm{ncount}_{\mathrm{children}(a)})/5+4\mathrm{ncount}_a/5$，则方差 $D(Y_a)=4D(\mathrm{ncount}_a)/5$，此时方差小于直接根据节点自身计算时的方差，效果较优[3,7]。

对任意非均匀预算分配，不管是等比分配，还是 FA，为节点 a 分配预算 ϵ_2，孩子节点分配 ϵ_1，通过最小二乘法计算得，当 $Y_a=\epsilon_1^2(\mathrm{ncount}_{\mathrm{children}(a)})/(4\epsilon_2^2+\epsilon_1^2)+4\epsilon_2^2\mathrm{ncount}_a/(4\epsilon_2^2+\epsilon_1^2)$ 时，$D(Y_a)=8/(4\epsilon_2^2+\epsilon_1^2)$，小于节点 a 自身统计值方差 $D[\mathrm{Lap}(\epsilon_2)]=2/\epsilon_2^2$，此时提高了数据查询精度。

4.3.4 提出的算法

对数据采用完全四叉树进行划分时，没有考虑每个节点数据的稀疏与密集，此方法不是最优的。如果某个节点非常稀疏，对此节点的进一步划分会使最后节点中数据接近于 0，添加噪声后，会导致相对误差过大，数据可用性降低。为此，本书在完全四叉树划分的基础上，提出自适应四叉树划分。

（1）自适应四叉树：自适应四叉树划分主要是在划分节点前，首先判断节点中含噪计数 ncount_j 是否满足 $\text{ncount}_j > T$，$T = \varphi |\tilde{D}| / 4^h$，$\varphi \in (0, 1)$。其中，$T$ 为阈值，$|\tilde{D}|$ 为 $\tilde{D}$ 统计值，h 为树深，φ 为常数系数，实验中取 $\varphi = 0.33$。若满足，则进一步划分，否则，停止划分，递归此过程直到达到给定树深为止。自适应四叉树算法流程如图 4-3 所示。算法 5 中的第 6 行对阈值 T 进行了判断，只有满足 $\text{node} \cdot \text{ncount}() > T$ 和 $\text{node} \cdot \text{depth} \leq h$ 才进一步划分。

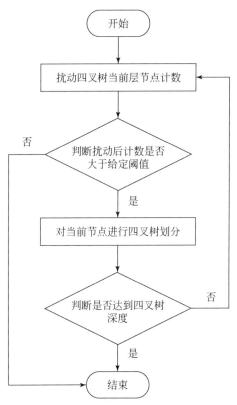

图 4-3 自适应四叉树算法流程图

算法 5 Adaptive QuadTree Build Algorithm

输入：Space of D space$_D$，threshold T，tree depth h
输出：Quadtree index structure QT

1：$QT. \, root \leftarrow space_D$

2：$queue. \, add \, (\, QT. \, root \,)$

3：**while** ! $queue. \, empty \, (\,)$ **do**

4： $node \leftarrow queue. \, remove \, (\,)$

5： $ncount_j \leftarrow$ perturb note count $count_j$ by $Lap \, (1/\epsilon_i)$,

$$\epsilon_i = \frac{b}{\sqrt{5}} \left[\left(\frac{1+\sqrt{5}}{2} \right)^{h-i+1} - \left(\frac{1-\sqrt{5}}{2} \right)^{h-i+1} \right]$$

6： **if** $node. \, ncount \, (\,) > T$ **and** $node. \, depth \leqslant h$ **then**

7： $node. \, split \, (\,)$

8： $queue. \, add \, (\, node. \, children \,)$

9： **end if**

10： **end while**

11： **return** QT

（2）基于 FA 策略的空间数据发布增强方案：自适应四叉树构建中，通过 FA 为每层分配预算。数据查询时，结合推理求精提高数据精度。我们把此方案称为 Fibonacci-hybrid（Fhy），并在算法 6 中对此方案进行了描述，第 3 行表示通过后置处理对每个节点计数值进行推理求精，增强方案流程如图 4-4 所示。

算法 6　Fibonacci-hybrid （Fhy）

输入：Original data D ,privacy budget ϵ ,tree depth h

输出：Sanitized data $\tilde{D}$

1： Initialize the quadtree index, $QT \leftarrow$ AdaptiveQuadTreeBuild($space_D$, h)

2：**for** all nodes j at level i of quadtree QT **do**

3：post-processing $ncount_j \leftarrow \dfrac{\epsilon_{i-1}^2 \, ncount_{children(j)} + 4 \, \epsilon_i^2 \, ncount_j}{4 \, \epsilon_i^2 + \epsilon_{i-1}^2}, \, i = 1,2,\cdots,h$

4： **end for**

5：**return** $\tilde{D}$

4.3.5　理论分析

设数据查询 Q 如图 4-1 中虚框所示，现对数据查询 Q 的误差进行分析。数据查询误差是我们分析比较不同隐私预算分配方案性能的判别依据，查询误差越小，查询结果越精确。设完全四叉树中第 i 层被查询 Q 包含的统计点数为 n_i ，且分配预算为 ϵ_i ，则查询误差如下。

$$\begin{aligned}
\text{Err}(Q) &= \sum_{i=0}^{h} \text{Err}(\text{level}_i) \\
&= \sum_{i=0}^{h} n_i D \left[\text{Lap}\left(\frac{\Delta f}{\epsilon_i} \right) \right] \\
&= \sum_{i=0}^{h} \frac{2 n_i \Delta f^2}{\epsilon_i^2}
\end{aligned} \tag{4-3}$$

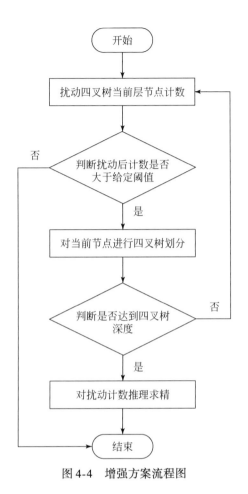

图 4-4 增强方案流程图

$\mathrm{Err}(Q)$ 是所有被查询 Q 包含节点方差之和，其中，$\mathrm{Err}(\mathrm{level}_i)$ 为第 i 层所有节点方差之和，$n_i \leqslant 8 \times 2^{h-i}$，证明详见文献［3］Lemma 2（i）。式（4-3）表明查询总误差和隐私预算 ϵ_i 相关，不同 ϵ_i 将带来不同查询误差，我们的目的是设计一种合适的隐私预算分配方案，使得数据查询总误差最小。

（1）均匀预算分配：此方案中，$\epsilon_i = \dfrac{\epsilon}{h+1}$，代入式（4-3），得

$$\mathrm{Err}(Q) = \sum_{i=0}^{h} \frac{2n_i}{\left(\dfrac{\epsilon}{h+1}\right)^2}$$

$$\leqslant \sum_{i=0}^{h} \frac{16 \times 2^{h-i}}{\left(\dfrac{\epsilon}{h+1}\right)^2}$$

（2）等比预算分配[3]：此分配方案中，$\epsilon_i = \dfrac{(\sqrt[3]{2}-1)2^{(h-i)/3}\epsilon}{2^{(h+1)/3}-1}$，等比因子为 $\sqrt[3]{2}$，代入式（4-3）得

$$Err(Q) = \sum_{i=0}^{h} \frac{2n_i}{\left[\frac{(\sqrt[3]{2}-1)2^{(h-i)/3}\epsilon}{2^{(h+1)/3}-1}\right]^2}$$

$$\leqslant \sum_{i=0}^{h} \frac{16 \times 2^{h-i}}{\left[\frac{(\sqrt[3]{2}-1)2^{(h-i)/3}\epsilon}{(2^{(h+1)/3}-1)}\right]^2}$$

（3）斐波拉契预算分配：此方案中，$\epsilon_i = \frac{b}{\sqrt{5}}\left[\left(\frac{1+\sqrt{5}}{2}\right)^{h-i+1} - \left(\frac{1-\sqrt{5}}{2}\right)^{h-i+1}\right]$，代入式

（4-3）得

$$Err(Q) = \sum_{i=0}^{h} \frac{2n_i}{\left\{\frac{b}{\sqrt{5}}\left[\left(\frac{1+\sqrt{5}}{2}\right)^{h-i+1} - \left(\frac{1-\sqrt{5}}{2}\right)^{h-i+1}\right]\right\}^2}$$

$$\leqslant \sum_{i=0}^{h} \frac{16 \times 2^{h-i}}{\left\{\frac{b}{\sqrt{5}}\left[\left(\frac{1+\sqrt{5}}{2}\right)^{h-i+1} - \left(\frac{1-\sqrt{5}}{2}\right)^{h-i+1}\right]\right\}^2}$$

上面三种隐私预算分配方案都满足 $\sum_{i=0}^{h}\epsilon_i = \epsilon$ 。

从图 4-1 中我们可以看到，查询 Q 所包含的节点主要为树的下层节点，如叶子节点。若预算适当向树下层节点倾斜，当 ϵ_i，$i = 1, 2, \cdots, m$，$m < h$ 增大时，误差 $\sum_{i=0}^{m} Err(level_i)$ 减小，m 为分界点。FA 策略中，四叉树下层节点分配的预算大于采用等比分配策略时对应的预算，使得对应分配预算 ϵ_i，$i = 1, 2, \cdots, m$ 较大。现对 m 取值进行分析，即从叶子层开始，到四叉树那层时，斐波拉契预算分配时的误差 $\sum_{i=0}^{m} Err(flevel_i)$ 小于等比预算分配时的误差 $\sum_{i=0}^{m} Err(glevel_i)$，$Err(flevel_i)$，$Err(glevel_i)$ 分别为两种分配方案中四叉树第 i 层节点引入的误差。

证明： FA 策略中，根据式（4-1）有 $\epsilon_i = \beta b$，$\beta \in N$，当 $\frac{(\sqrt[3]{2}-1)2^{(h-i)/3}\epsilon}{2^{(h+1)/3}-1} = \beta b$ 时，有 $Err(glevel_i) = Err(flevel_i)$，解得

$$i = h - 3\log_2 \eta, \qquad \eta = \frac{(2^{(h+1)/3}-1)\beta b}{(\sqrt[3]{2}-1)\epsilon}$$

取

$$m = h - 3\log_2 \eta$$

当 $i \leqslant m$ 时，可得

$$\sum_{i=0}^{m} Err(flevel_i) \leqslant \sum_{i=0}^{m} Err(glevel_i)$$

类似地，$\text{Err}(\text{ulevel}_i)$ 为查询 Q 在四叉树第 i 层包含节点的误差，且等比预算分配中，四叉树下层节点分配预算大于均匀分配下对应预算。现在我们来分析 m'，即从叶子层开始，到四叉树哪层时，等比预算分配时的误差 $\sum\limits_{i=0}^{m'}\text{Err}(\text{glevel}_i)$ 小于均匀预算分配时的误差 $\sum\limits_{i=0}^{m'}\text{Err}(\text{ulevel}_i)$。

证明：FA 策略中，根据均匀预算分配有 $\epsilon_i = \dfrac{\epsilon}{h+1}$，当 $\dfrac{(\sqrt[3]{2}-1)2^{(h-i)/3}\epsilon}{2^{(h+1)/3}-1} = \dfrac{\epsilon}{h+1}$ 时，有 $\text{Err}(\text{glevel}_i) = \text{Err}(\text{ulevel}_i)$，解得

$$i = h - 3\log_2\varpi, \qquad \varpi = \frac{2^{(h+1)/3}-1}{(\sqrt[3]{2}-1)(h+1)}$$

取

$$m' = h - 3\log_2\varpi$$

当 $i \leqslant m'$ 时，可得

$$\sum_{i=0}^{m'}\text{Err}(\text{glevel}_i) \leqslant \sum_{i=0}^{m'}\text{Err}(\text{ulevel}_i)$$

综上，当 $m \leqslant m'$，我们得到

$$\sum_{i=0}^{m}\text{Err}(\text{flevel}_i) \leqslant \sum_{i=0}^{m}\text{Err}(\text{glevel}_i) \leqslant \sum_{i=0}^{m}\text{Err}(\text{ulevel}_i)$$

例如，取 $m = 2$，三种不同预算分配策略的误差 $\sum\limits_{i=0}^{2}\text{Err}(\text{level}_i)$ 大小如图 4-5 所示，从图 4-5 中可以看到，随着树深 h 加大，均匀预算分配和等比预算分配时的误差大于 FA 方案的误差。

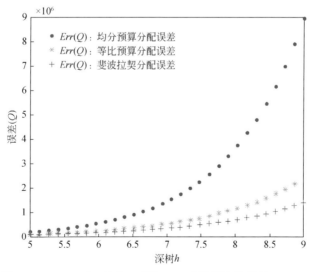

图 4-5 $m = 2$ 时，均匀、等比、FA 方案下查询误差 $\text{Err}(Q)$

4.3.6 实验结果与分析

本节为性能评估，主要对实验结果进行了分析。在实验中，我们使用一个人工数据集和三个真实数据集来评估不同数据发布方法的查询精度，对我们提出的 FA 方案进行了验证。

1. 实验数据集和相关参数

1）数据集

在图 4-3 中，给出了四个数据集的示意图，包括人工数据集"uniformity"，真实数据集"toronto"、"checkin"和"shenzhen"，图 4-6 中每一个点表示一个二维空间位置数据，包括横轴坐标。

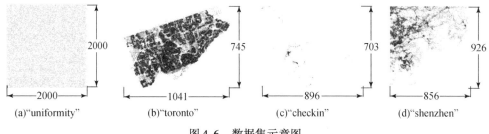

图 4-6　数据集示意图

第一个数据集是"uniformity"，该数据集中位置点为均匀分布。人工数据集上实验结果是真实数据集上实验结果的一种重要参照。此文件大小为 18.5M，格式为纯文本 txt 格式。类似地，其他三个数据集也为纯文本 txt 格式。

第二个数据集是"toronto"①，第四个数据集是"shenzhen"②，这两个数据集都来自于大数据交易平台数据堂。"toronto"包含城市多伦多的 513 630 条位置记录。每条记录拥有很多属性，我们使用了其中的位置点数据。"shenzhen"包含城市深圳的医院、学校、市场等的位置信息。这两个数据集，一个大小为 11.7M，一个大小为 7.88M。

第三个数据集是"checkin"③，这个数据集来自于一个基于位置的社交网络平台 Gowalla，用户可以在此平台上登录并共享他们的位置信息。此数据集包含用户的登录时间、位置、ID 等将近 6 442 890 条记录，本书仅选择用户的部分位置信息。文件大小为 12.4M。可以看出，该数据集中数据分布较为分散，其聚集和稀疏部分较为明显。

---

① http：//www. datatang. com/datares/go. aspx？ dataid＝604671.

② http：//www. datatang. com/data/46687.

③ http：//snap. stanford. edu/data/loc-gowalla_ totalCheckins. txt. gz.

2）实验说明

实验中，本书采用了三种不同的隐私预算值，即 $\epsilon = 0.1$，$\epsilon = 0.5$，$\epsilon = 1$。对每一种方法，采用五个不同的查询，其中 q_1 查询面积最小，q_{i+1} 比 q_i 大 100 或者 50，详细的查询大小见表 4-1。注意，我们为每个查询大小随机产生 500 次不同位置查询，最后比较其平均相对误差。

表 4-1 实验相关参数

Dataset	Num of points	Domain size	Size of query
uniformity	513 630	2000×2000	$q_{i-4} = (100 \times i)^2$，$i = 5, \cdots, 9$
toronto	513 630	1041×745	$q_{i-1} = (100 \times i)^2$，$i = 2, \cdots, 6$
shenzhen	322 678	856×926	$q_{i-1} = (100 \times i)^2$，$i = 2, \cdots, 6$
checkin	527 077	896×703	$q_{i-7} = (50 \times i)^2$，$i = 8, \cdots, 12$

3）可用性度量

当前，对差分隐私发布数据的可用性度量还没有标准方法。现有方法常采用相对误差、绝对误差等，类似地，本书采用相对误差来评估查询结果的精度。给定一个查询 Q，$Q(D)$ 表示查询 Q 的真实结果，$Q(\tilde{D})$ 表示查询 Q 的含噪结果，此时，相对误差定义如下：

$$E(Q) = \frac{\mid Q(D) - Q(\tilde{D}) \mid}{\max\{Q(D), \gamma\}}$$

式中，$\gamma = \mid D \mid /4^h$，$\mid D \mid$ 是数据集 D 中总的数据点统计值，h 是四叉树的深度。为避免 $Q(D) = 0$ 时除数为 0，除数取 $\max\{Q(D), \gamma\}$。相对误差越小，数据查询结果的精度越高，可用性越好。

4）方法缩写

实验中所有验证方法的缩写和描述见表 4-2 所示。简化起见，Uniformity-standard 方法简写为 U_{st}，此方法采用均匀预算分配策略。特别地，方法 Leaf 将所有隐私预算全部分配给叶子节点，并在数据集 "toronto" 中对其进行了验证。Quad-opt 简写为 Q_{opt}，是文献中提出的方法。Fibonacci-standard 简写为 F_{st}，其中使用了 FA 策略。F_{pp} 表示斐波拉契–后置处理方法，此方法采用了 FA 和限制推理策略。Fibonacci-hybrid 方法简写为 F_{hy}，此方法除了采用 FA 和限制推理策略外，还使用了阈值判断的策略。

表 4-2 方法缩写

缩写	描述
U_{st}	Uniformity-standard
Leaf	隐私预算全部分配给叶子节点

缩写	描述
F_{st}	Fibonacci-standard
F_{pp}	Fibonacci-post-processing
F_{hy}	Fibonacci-hybrid

5）实验环境

实验中方法采用的编程语言为 Java，开发环境为 Eclipse3.5，CPU 为 core（TM）i3，内存为 3.0GB。

2. 实验结果与分析

现对六种方法的实验结果进行分析，包括基础解决方法 U_{st} 和 Leaf，已有方法 Q_{opt} 和本书提出的方法 F_{st}、F_{pp}、F_{hy}。实验结果如图 4-7 ~ 图 4-12 所示。

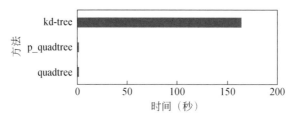

图 4-7　四叉树构建时间

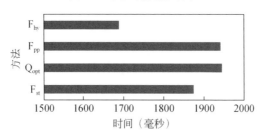

图 4-8　方法运行时间

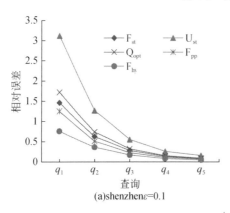
(a)shenzhenε=0.1

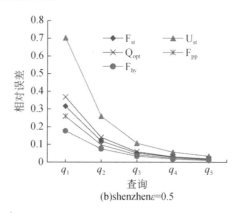
(b)shenzhenε=0.5

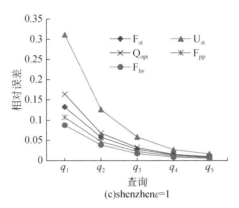

(c)shenzhenε=1

图 4-9　数据集"shenzhen"下查询相对误差

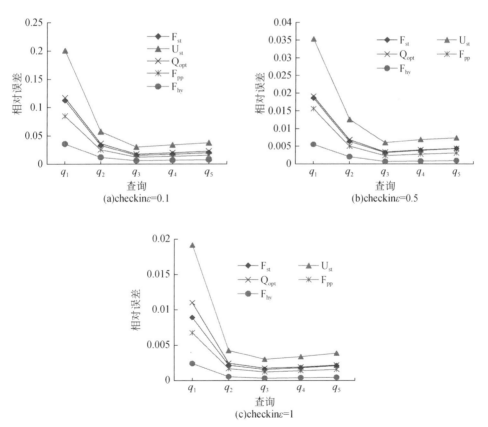

图 4-10　数据集"checkin"下查询相对误差

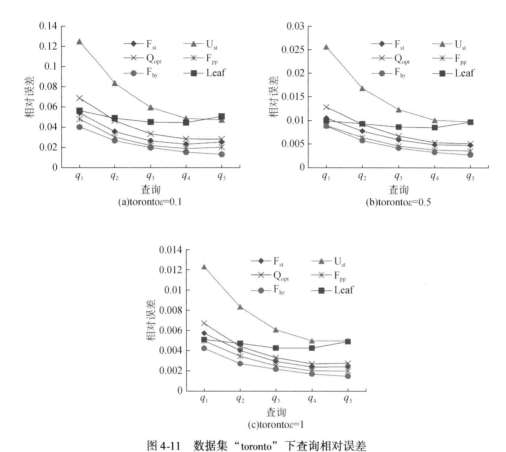

图 4-11　数据集 "toronto" 下查询相对误差

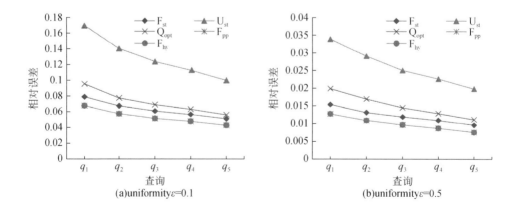

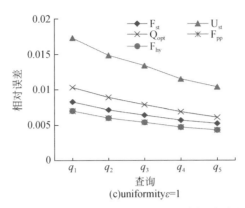

图 4-12　数据集"uniformity"下查询相对误差

图 4-7 给出了基于数据集"shenzhen"分别构建 kd-树（kd-tree）和四叉树（quadtree）的时间。可以看到，四叉树构建时间明显优于 kd-树构建时间。注意，在四叉树构建中，如果引入了阈值判断，我们称之为自适应四叉树构建，简写为 p_ quadtree。自适应四叉树构建中，若节点含噪计数小于给定阈值，则此节点停止继续划分，使得 p_ quadtree 构建时间小于完全四叉树构建时间。

图 4-8 给出了方法 F_{hy}、F_{pp}、Q_{opt}、F_{st} 的运行时间。Q_{opt} 的运行时间和 F_{pp} 近似，因为这两种方法都采用了完全四叉树索引和限制推理。F_{st} 的运行时间优于 F_{pp}，因为 F_{st} 没有限制推理部分。F_{hy} 运行时间优于其他方法，这表明阈值判断是有效并且高效的。

从图 4-9 ~ 图 4-12 我们可以看出，F_{hy} 优于方法 Q_{opt} 和基础方法 U_{st}。一般而言，F_{hy} 优于 F_{pp}，F_{pp} 优于 F_{st}，而 F_{st} 优于 Q_{opt}，基础方法 U_{st} 效果最差。在均匀数据集"uniformity"中，F_{hy} 和 F_{pp} 效果近似。这是因为在均匀数据集中，当节点的含噪计数值 $ncount_j$ 大于给定阈值 T 时，阈值判断功能不起作用。

我们观察到，在真实数据集"toronto"、"shenzhen"和"checkin"中，位置点分布不均匀，此时，F_{hy} 和 F_{pp} 效果不相同。这表明当四叉树某些节点含噪计数值过低时，阈值判断功能在真实数据集中起作用。

所用实验评估是在不同查询大小下进行，实验结果验证了本书提出的 FA 策略，即数据查询时，主要使用四叉树下层节点进行计算，当这些节点分配恰当的隐私预算时，可以提高数据查询精度。极端地，当我们把所有隐私预算分配给四叉树叶子层节点时，数据查询效果如何？我们在数据集"toronto"中对方法 Leaf 进行了验证，可以看到隐私预算极端分配时，查询结果不一定最优，随着查询范围的扩大，引入的噪声误差越大，相对误差趋向于增大。

上述实验结果说明，本书提出的隐私预算分配方案 FA 和阈值判断功能在方法 F_{hy} 中起到关键作用。隐私预算分配方案和数据集自身特点，如稀疏性，是提高数据查询精度的关键点。

4.4 基于网格划分的空间数据差分隐私发布算法

地理空间数据大量涉及用户隐私，保护用户隐私的同时提高数据的可用性是地理空间数据深度应用遇到的挑战。针对二维地理空间数据，现有差分隐私数据发布方法通常采用树型结构对数据域进行分割以提高数据可用性。然而，这些方法没有给出具体数据域划分粒度的分析。通过对发布数据噪声误差和均匀假设误差的整体分析，提出一种能够对数据域进行准确分割的数据域粒度划分模型。基于此模型，给出了一种均匀网格发布方法。为进一步降低误差，将数据域相似单元格合并，再向合并后单元格添加噪声。与其他已有方法比较表明，该方法具有较好的数据查询精度，提高了数据可用性。

4.4.1 相关工作及问题定义

1. 相关工作

为提高地理空间发布数据的可用性，基于树型结构提出了一系列数据划分方法。文献[3~6]通过四叉树和kd-树等对数据域进行划分以提高数据可用性。然而，上述文献没有给出具体数据域划分粒度的分析，如何确定树深或者划分粒度是需要深入研究的核心点。

基于差分隐私的数据发布方法为提高数据可用性，常采用基于树型结构的隐私空间分解方法[3]。它主要是将二维空间数据集从空间上划分成$m \times m$个独立单元格，然后统计每个单元格中点数。当根据单元格中点数查询时存在两种误差，一种是添加噪声导致的噪声误差，另一种是假设单元格中数据为均匀分布导致的均匀假设误差。这两种误差均影响数据查询结果的精度，并依赖于数据域划分的粒度。数据域划分粒度越优，数据查询结果精确度越高，可用性越强。

Xiao等[5,6]在基于kd-树的索引结构中，先为原始数据分配一半隐私预算，然后在加噪数据上构造kd-树，用加噪后的数据计算中值，确保了数据的隐私性，然而误差较大[3]。

为了提高数据可用性，Cormode等[3]基于四叉树提出Quad-opt方法。此方法利用完全四叉树对数据域进行划分，将数据域递归划分为一定层次的树结构。划分时，对数据域的横纵轴进行对等分割，把整个数据空间分成四等份。然后，对子数据空间进一步分割，依次划分为四等份，直到达到预定义树深h为止。原始数据转换成四叉树后，区别于传统的均匀隐私预算分配方法，Cormode等提出一种新的等比隐私预算分配策略，等比因子为$\sqrt[3]{2}$，树的每一层分配隐私预算为ε_i，各层隐私预算之和为ε，并进一步通过限制推理[10]的方法对数据进行后置处理以提高数据可用性。然而，当数据比较稀疏时，向每个单元格中分别添加噪声，会导致较大相对误差。

Fan等[4]提出将相似单元格合并到同一个划分以克服数据的稀疏性。对数据进行划分前，先根据专业知识对每个单元格预分类，即判断此单元格是属于稀疏型还是密集型。数据划分时，若当前节点下所有单元格类型一致，都为稀疏型或密集型，则此节点是均匀分布，停止划分，否则，进一步划分，直到节点为均匀分布或者达到预定树深 h 为止。此方法需根据专业知识对单元格疏密做预判断，会存在误差。同时，单元格合并操作限制在四叉树节点中进行，没有扩展到整个数据域。

上述基于树型结构的数据划分方法，树深 h 值的选择直接关系数据最终的可用性，问题关键是如何确定树深 h 的值或者数据域的划分粒度。针对此问题，Machanavajjhala 等[1] 从数据域的划分粒度出发，提出了一种粒度划分模型，其划分粒度为 $\sqrt{N\varepsilon/c}$，N 为查询边界单元格中总点数；c 为一个较小常系数，通常取 10；ε 为隐私预算。在此模型基础上提出了均匀网格方法 UG。当某个单元格中数据点较多，为降低均匀假设误差，Machanavajjhala 等进一步提出自适应网格划分方法 AG。AG 将数据域划分为 $m_1 \times m_1$ 大小的单元格，其中，$m_1 = \max(10, 0.25 \times \lceil N\varepsilon/c \rceil)$。若某个单元格的噪声计数 N' 超过给定阈值，则将此单元格进一步细分为 $m_2 \times m_2$ 大小的单元格，其中，$m_2 = \lceil 2N'(1-\alpha)\varepsilon/c \rceil$，$a$ 为用户指定参数。此方法建模时，假设查询的长与宽相等，使得数据的可用性受到影响。

在本书中，Ugrid 方法采用了一种新颖的数据域粒度划分模型。此模型不必假设查询长与宽相等，其数据域最优划分粒度为 $\lceil \sqrt{4kHL\varepsilon/\sqrt{2}} \rceil$，其中，$k$ 为比例系数；H 为数据域宽度；L 为数据域长度；ε 为隐私预算。Mgrid 方法将数据域中相似单元格合并，再向合并后单元格添加噪声，从而减小单元格中添加噪声。相似单元格的合并进一步降低了数据查询误差[11]。

2. 问题定义

本节从差分隐私的基本概念和重要性质出发，介绍了差分隐私的实现机制，并给出了问题定义。

设二维地理空间数据集 D 长为 L，宽为 H，数据查询 Q 长为 a，宽为 b，如图 4-13 所示。把 D 从空间上划分为 $m \times m$ 个单元格 $\{c_1, c_2, \cdots, c_i, \cdots, c_{m \times m}\}$，统计每个单元格 c_i 中数据点计数值 x_i，得到分割后数据集 $\bar{D} = \{x_1, x_2, \cdots, x_i, \cdots, x_{m \times m}\}$。向 $\bar{D}$ 的每个计数值 x_i 中添加服从拉普拉斯分布的噪声，得到相应含噪计数值 $\tilde{x}_i$，并对外发布扰动之后的差分隐私数据集 $\tilde{D} = \{\tilde{x}_1, \tilde{x}_2, \cdots, \tilde{x}_i, \cdots, \tilde{x}_{m \times m}\}$。

向每个单元格中添加拉普拉斯噪声，不可避免地在数据查询结果中引入了噪声误差 e_n。同时，一部分单元格完全包含于 Q，如点阴影部分单元格，一部分单元格部分包含于 Q，如斜线阴影部分单元格。若 Q 与某个单元格 c_i 的交集为 I_i，则 I_i 中的噪声计数值为 $\tilde{x}_i' = \tilde{x}_i \times \text{area}(I_i)/\text{area}(c_i)$，式中，$\tilde{x}_i$ 为单元格 c_i 中的含噪计数；area(I_i) 为 Q 与单元格 c_i 交集 I_i 的面积；area(c_i) 为单元格 c_i 的面积。当单元格 c_i 完全包含于 Q 时，area(I_i) = area(c_i)，有 $\tilde{x}_i' = \tilde{x}_i$。当单元格 c_i 部分包含于 Q 时，area$(I_i) \neq$ area(c_i)，有 $\tilde{x}_i' \neq \tilde{x}_i$。统计计数时，假设单元格 c_i 中数据点为均匀分布，不可避免地在数据查询的结果中引入了均匀假设误差 e_u。

对数据域进行划分时，划分粒度过细，均匀假设误差越小，然而，噪声误差越大。相

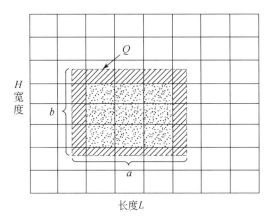

图 4-13 数据查询示意图

反，划分粒度过粗，噪声误差越小，然而，均匀假设误差越大，因此划分粒度 m 的值是关键。推导 m 值时，Qardaji 等基于假设 $a=b$，本书无须此假设。

根据上述定义与描述，本书研究的问题是给定二维地理空间数据集 D 及隐私预算 ε，求数据空间划分粒度 m 的最优值，使数据查询 Q 的精确度最高，误差最小。其形式化定义如下：

$$\min_{m}(e_n + e_u)$$

本书所用主要符号定义和描述见表4-3。

表4-3　符号定义与描述

符号	描述
D	二维地理空间数据集
$\tilde{D}$	扰动后数据集
c_i	单元格
x_i	单元格 c_i 中数据点计数
k	相对误差与面积比例系数
Q	数据查询
I_i	Q 与单元格 c_i 交集
$\tilde{x}_i$	单元格 c_i 中数据点含噪计数
L	二维地理空间数据集 D 的长度
H	二维地理空间数据集 D 的宽度
a	数据查询 Q 的长度
b	数据查询 Q 的宽度

4.4.2　均匀网格划分方法 Ugrid

1. 数据域粒度划分模型

本书通过对噪声误差和均匀假设误差的整体分析，给出了数据域划分粒度 m 的最优值，详细推导过程如下。

设图 4-13 中斜线阴影部分单元格为 I，当 I 的面积为 0 时，Q 与单元格不相交，即 Q 的四边与单元格四边重合，此时，Q 中单元格完全包含于 Q，均匀假设误差为 0。当 I 的面积从 0 逐渐增大时，Q 与单元格相交，此时，Q 中单元格不完全包含于 Q，均匀假设误差逐渐增大，且基于均匀假设的相对误差 β 与斜线阴影部分单元格 I 的面积 α 成线性关系。设 β 与 α 之间比例系数为 k，β_i 和 α_i 为第 i 次取样的相对误差和面积，$\bar{\beta}$ 为误差均值，$\bar{\alpha}$ 为面积均值，以 α 为横坐标，β 为纵坐标，做线性回归分析，可得比例系数 k。k 值可通过最小二乘估计计算，其公式如下：

$$k = \sum (\alpha_i - \bar{\alpha})(\beta_i - \bar{\beta}) \Big/ \sum (\alpha_i - \bar{\alpha})^2$$

例如，对"checkin"数据集在单元格面积和相对误差两个变量上做线性回归，可得线性关系 $\beta = 0.1291\alpha + 27.184$，其中，比例系数 $k = 0.1291$。注意，当面积为 0 时，相对误差为 0，通过（0，0）数据点对比例系数 k 的值进行修正，最后取 $k = 0.1314$。"checkin"数据集的详细描述见 4.4.4 四节。

I 的面积越大，均匀假设误差越大。取理论上极值情况，当 I 的面积为查询 Q 与数据域中所有相交单元格的面积时，均匀假设误差最大，值为 $k(2aH + 2bL)/m$。

均匀假设误差分析：已知查询 Q 与数据域中所有相交单元格的个数 $Num = 2am/L + 2bm/H$，式中，$2am/L$ 为 Q 的上下边框与数据域中相交单元格的个数；$2bm/H$ 为 Q 的左右边框与数据域中相交单元格的个数。数据域的总面积为 LH，其中包含 $m \times m$ 个单元格，则每个单元格的面积为 LH/m^2。Q 与数据域中所有相交单元格的面积 area 为相交单元格个数 Num 与每个单元格面积的乘积，即 $area = Num \times LH/m^2 = (2am/L + 2bm/H) \times LH/m^2$。最终，正比于面积 area 的均匀假设误差 $e_u = k(2am/L + 2bm/H) \times LH/m^2$。

噪声误差由单元格中添加的拉普拉斯噪声引入，受数据域划分粒度 m 影响，值为 $\sqrt{2}rm/\varepsilon$，$r = ab/LH$。

噪声误差分析：单元格中添加噪声服从拉普拉斯分布，即 $noise \sim Lap(1/\varepsilon)$，则每个单元格中引入的标准差为 $\sqrt{2}/\varepsilon$。数据域的面积为 LH，其中包含 $m \times m$ 个单元格，数据查询 Q 的面积为 ab，则查询 Q 包含单元格的个数 $Num' = (ab/LH)m^2$。查询 Q 中引入噪声的误差 e_n 为 Q 包含单元格个数 Num' 与每个单元格中引入噪声误差的乘积，即 $e_n = \sqrt{2Num'}/\varepsilon = \sqrt{2(ab/LH)m^2}/\varepsilon = \sqrt{2}rm/\varepsilon$，式中，$r = ab/LH$，其为数据查询 Q 的面积与数据域的面积比值。

引理 1. 当划分粒度 $m = \lfloor \sqrt{4kHL\varepsilon/\sqrt{2}} \rfloor$ 时，数据查询 Q 的总误差最小。其中，k 为比

例系数, H 和 L 为数据集 D 的宽度与长度, ε 为隐私预算。

证明:给定数据集 D, 数据查询 Q 的总误差等于均匀假设误差 e_u 和噪声误差 e_n 之和。根据上述的均匀假设误差分析, 本书有 $e_u = k(2am/L + 2bm/H) \times LH/m^2 = k(2aH + 2bL)/m \geq 2k\sqrt{4aH \times bL)}/m = 4k\sqrt{HL \times rHL}/m = 4kHL\sqrt{r}/m$。根据噪声误差分析, 有 $e_n = \sqrt{2}rm/\varepsilon$。当 $e_u = e_n$ 时, 即 $4kHL\sqrt{r}/m = \sqrt{2}rm/\varepsilon$, 数据查询 Q 的总误差最小, 推得 $m^2 = 4kHL\varepsilon/\sqrt{2}$, 最终解得 $m = \sqrt{4kHL\varepsilon/\sqrt{2}}$。对 m 值上限取整, 得 $m = \lceil\sqrt{4kHL\varepsilon/\sqrt{2}}\rceil$。

2. Ugrid 方法

基于数据域粒度划分模型, 本书提出均匀网格发布方法 Ugrid。Ugrid 首先根据划分粒度 m 的值把整个数据集 D 从空间上划分为 $m \times m$ 个单元格 $\{c_1, c_2, \cdots, c_i, \cdots, c_{m \times m}\}$, 其中, $m = \lceil\sqrt{4kHL\varepsilon/\sqrt{2}}\rceil$, 见引理 1。然后, 对 D 进行一次遍历, 统计每个单元格 c_i 中数据点计数值 x_i, 得到分割后的数据集 $\bar{D} = \{x_1, x_2, \cdots, x_i, \cdots, x_{m \times m}\}$。其次, 向 $\bar{D}$ 的每个计数值 x_i 中添加服从拉普拉斯分布的随机噪声 $\text{Lap}(1/\varepsilon)$, 得到加噪后的计数值 $\tilde{x}_i = x_i + \text{Lap}(1/\varepsilon)$。最后, 根据扰动数据集 $\tilde{D} = \{\tilde{x}_1, \tilde{x}_2, \cdots, \tilde{x}_i, \cdots, \tilde{x}_{m \times m}\}$ 对外提供数据查询服务, Ugrid 流程如图 4-14 所示。

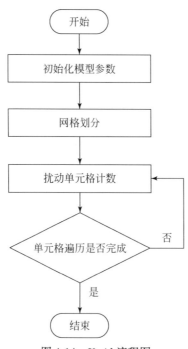

图 4-14　Ugrid 流程图

Ugrid 伪代码描述如算法 7 所示, 算法 1~5 行对二维地理空间数据集 D 进行单元格划分, 6 行设置单元格计数值, 7~9 步对每个计数值 x_i 添加拉普拉斯噪声, 最后一步得到扰动后的差分隐私数据集 $\tilde{D}$ 。

算法 7　Ugrid

输入:二维地理空间数据集 D ,隐私预算 ε ,划分粒度 m

输出:扰动数据集 $\tilde{D} = \{\tilde{x}_1, \tilde{x}_2, \cdots, \tilde{x}_i, \cdots, \tilde{x}_{m \times m}\}$

1: for ($i =1$; $i \leq D.size()$; $i ++$) do

2:　if ($point_i \in c_i$) do

3:　　add $point_i$ to c_i

4:　end if

5: end for

6: set point count $x_i = |c_i|$

7: for ($i =1$; $i \leq m \times m$; $i ++$) do

8:　noisy count $\tilde{x}_i = \tilde{x} +\text{Lap}(1/\varepsilon)$

9: end for

10: return $\tilde{D} = \{\tilde{x}_1, \tilde{x}_2, \cdots, \tilde{x}_i, \cdots, \tilde{x}_{m \times m}\}$

定理 1. Ugrid 满足 ε –差分隐私。

证明:根据差分隐私并行组合性,向 $m \times m$ 个不同单元格中,分别添加服从拉普拉斯分布的随机噪声 noise ~ Lap $(1/\varepsilon)$,则 Ugrid 提供 $\max \varepsilon_i$ 差分隐私保护。因为 $\varepsilon_i = \varepsilon$,得 Ugrid 提供 ε –差分隐私保护。

定理 2. 给定二维地理空间数据集 D 及其划分粒度 m,则 Ugrid 的时间复杂度为 $O(|D| + m^2)$。

证明:算法 7,1~5 步,D 总共有 $|D|$ 个数据点,代价为 $|D|$,7~9 步,总共有 m^2 个单元格,代价为 m^2,则总时间代价为 $O(|D| + m^2)$。

Ugrid 考虑了二维地理空间数据集的划分粒度,平衡了噪声误差和均匀假设误差,使得划分粒度 $m = \lceil \sqrt{4kHL\varepsilon/\sqrt{2}} \rceil$ 时,数据查询 Q 的总误差最小。然而,当数据集的部分区域过于稀疏时,向此处单元格中添加噪声会导致噪声误差过大。例如,若单元格 c_i 真实计数值 $x_i =1$,添加噪声 noise = 20,则噪声误差为 20。添加噪声过大使得数据的可用性极大降低,为了进一步减少数据查询 Q 的误差,提高数据可用性,在 Ugrid 的基础上,本书提出一种基于桶排序的相似单元格合并,将数据域中相似单元格合并到同一划分。然后向每个划分中添加噪声,降低添加到每个单元格中噪声的大小,最终提升数据查询精度,此方法本书称之为网格合并发布方法 Mgrid。

4.4.3　网格划分合并方法 Mgrid

1. 相似单元格合并

数据域中相似单元格合并,形式化定义如下。

给定分割后数据集 $\{x_1, x_2, \cdots, x_i, \cdots, x_{m \times m}\}$，如果单元格的 hash 值满足

$$| x_i \cdot hash - x_j \cdot hash | < c, \ i, j \in N^*$$

则称这些单元格为相似单元格。式中，c 为常数值；$x_i \cdot hash$ 为计数值 x_i 对应二进制字符串的 BKDRHash[12] 映射值（3 个 bit 为一组进行映射），当两个单元格计数 hash 值之差小于给定阈值 c 时，对应单元格合并到同一划分。

判断相似单元格时，吸引子传播（affinity propagation，AP）聚类算法[13,14] 具有无须指定聚类数的优点。然而，AP 聚类算法复杂性过高，其时间复杂度为 $O(m^4 \log m^2)$，时间开销较大。为降低时间开销，本书采用基于桶排序的相似单元格合并方法，求其近优解。给定映射函数 $f(x_i) = x_i \cdot hash / c$，$i \in [1, m^2]$，$c$ 取较小值，与 BKDRHash 相关。将分割数据集 $\{x_1, x_2, \cdots, x_i, \cdots, x_{m \times m}\}$ 中每个计数值 x_i 映射到对应桶中，则每个桶中计数值对应单元格既为相似单元格。基于桶排序的相似单元格合并，只需对分割数据集进行一次遍历，时间复杂度为 $O(m^2)$。

如图 4-15 所示，设相似单元格合并后已有划分集合 $\{p_1, p_2, \cdots, p_l, \cdots, p_L\}$。例如，所有点阴影单元格合并到划分 p_1，所有斜线阴影单元格合并到划分 p_2，所有斜线网格阴影单元格合并到划分 p_3，所有横竖线网格阴影单元格合并到划分 p_l，等等类似。现计算划分 p_l 包含的每个单元格中噪声的大小。已知划分 p_l 中添加噪声 noise ~ $Lap(1/\varepsilon)$，则划分 p_l 包含的单元格 c_i 中噪声 $noise(c_i) = Lap(1/\varepsilon) / p_l \cdot size()$，其中，$p_l \cdot size()$ 为划分 p_l 中所包含单元格的个数。通过相似单元格合并操作，降低了添加到单元格 c_i 中噪声的大小，进一步提高了数据可用性。

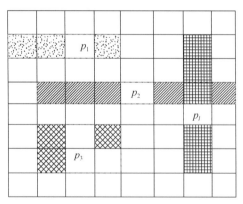

图 4-15　单元格合并

2. Mgrid 方法

基于数据域粒度划分模型和相似单元格合并，本书提出网格合并发布方法 Mgrid。类似于 Ugrid，Mgrid 首先根据划分粒度 m 的值把整个数据集 D 从空间上划分为 $m \times m$ 个单元格 $\{c_1, c_2, \cdots, c_i, \cdots, c_{m \times m}\}$，并对 D 进行一次遍历，统计每个单元格 c_i 中数据点计数值 x_i，得到分割后数据集 $\{x_1, x_2, \cdots, x_i, \cdots, x_{m \times m}\}$。其次，遍历分割数据集，根据映

射函数 f 将每个计数值 x_i 映射到对应桶中，桶中计数值对应单元格即为相似单元格。相似单元格合并后，得到划分集合 $\{p_1, p_2, \cdots, p_l, \cdots, p_L\}$。再次，遍历划分集合，向每个划分 p_l 中添加服从拉普拉斯分布的随机噪声 noise ~ Lap $(1/\varepsilon)$，并计算划分 p_l 包含单元格 c_i 中的噪声 noise(c_i) = Lap$(1/\varepsilon)/p_l \cdot$ size( )，得到单元格 c_i 中加噪后的计数值 $\tilde{x}_i = x_i +$ noise(c_i)。最后，根据扰动数据集 $\tilde{D} = \{\tilde{x}_1, \tilde{x}_2, \cdots, \tilde{x}_i, \cdots, \tilde{x}_{m\times m}\}$ 对外提供数据查询服务。

Mgrid 伪代码描述如算法 8 所示，算法 8 1 ~ 5 步对二维地理空间数据集 D 进行单元格划分，6 步得到分割后数据集，7 ~ 9 步把分割数据集中每个计数值 x_i 通过映射函数 f 映射到不同桶中，10 步得到相似单元格合并之后的划分集合 $\{p_1, p_2, \cdots, p_l, \cdots, p_L\}$，11 ~ 13 步向每个划分 p_l 中添加拉普拉斯噪声，并计算划分 p_l 包含单元格 c_i 中的含噪计数值 $\tilde{x}_i$，最后一步得到扰动后的差分隐私数据集 $\tilde{D}$。

Mgrid 与 Ugrid 方法相比，因需要进行相似单元格合并操作，Mgrid 时间开销略大于 Ugrid，实验结果与分析详见 4.4.4 节，Mgrid 流程如图 4-16 所示。

算法 8　Mgrid

输入:二维地理空间数据集 D ,隐私预算 ε ,划分粒度 m ,阈值 c

输出:扰动数据集 $\tilde{D} = \{\tilde{x}_1, \tilde{x}_2, \cdots, \tilde{x}_i, \cdots, \tilde{x}_{m\times m}\}$

1: for (i =1; $i \leqslant D.size$ ( ); i ++) do

2: if (point$_i \in c_i$) do

3: add point$_i$ to c_i

4: end if

5: end for

6: set point count x_i = | c_i |

7: for (i =1; $i \leqslant m \times m$; i ++) do

8: select simtlar cells by mapping function f

9: end for

10: set partion dataset is $\{p_1, p_2, \cdots, p_l, \cdots, p_L\}$, where p_l = {similar cells}

11: for (l =1; $l \leqslant L$; l ++) do

12: noisy count $\tilde{x}_i$ = | p_l | +Lap (1/ε)

13: end for

14: return $\tilde{D}$ = $\{\tilde{x}_1, \tilde{x}_2, \cdots, \tilde{x}_i, \cdots, \tilde{x}_{m\times m}\}$

Mgrid 同样满足 ε -差分隐私，证明与 Ugrid 类似。

定理 3. 相似单元格合并之后，数据查询 Q 的总误差小于等于合并之前的总误差。

证明：给定二维地理空间数据集 D，相似单元格合并之前，数据查询 Q 引入噪声误差 $e_n = \sum_{i=1}^{\sqrt{r}m} \sqrt{2}/\varepsilon$，均匀假设误差 $e_u = k(2am/L + 2bm/H) \times LH/m^2 = k(2aH + 2bL)/m$，则数据查询 Q 的总误差 Err $= e_n + e_u = \sum_{i=1}^{\sqrt{r}m} \sqrt{2}/\varepsilon + k(2aH + 2bL)/m$。

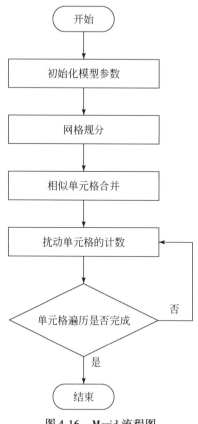

图 4-16　Mgrid 流程图

给定数据查询 Q，数据域中的相似单元格合并和扰动之后，其中由添加的随机噪声引入的噪声误差 $e'_n = \sum_{i=1}^{\sqrt{r}m} \sqrt{2}/\varepsilon p_l \cdot \text{size}(\,)$，$l \in [1, L]$，$p_l \cdot \text{size}(\,) \geqslant 1$，由均匀假设引入的均匀假设误差 $e'_u = k(2am/L + 2bm/H) \times LH/m^2 = k(2aH + 2bL)/m$，则数据查询 Q 的总误差 $\text{Err}' = e'_n + e'_u = \sum_{i=1}^{\sqrt{r}m} \sqrt{2}/\varepsilon p_l \cdot \text{size}(\,) + 2k(aH + bL)/m$。

计算相似单元格合并前后数据查询 Q 总误差的差值，我们推导有 $\text{Err}' - \text{Err} = \sum_{i=1}^{\sqrt{r}m} \sqrt{2}/\varepsilon(1/p_l \cdot \text{size}(\,) - 1) \leqslant 0$，得单元格合并之后总误差小于等于合并之前总误差。

定理 4. 给定二维地理空间数据集 D 及其划分粒度 m，则 Mgrid 的时间复杂度为 $O(|D| + m^2 + L)$。

证明：算法 8 1~5 步，数据集 D 总共有 $|D|$ 个数据点，代价为 $|D|$，7~9 步，总共有 m^2 个单元格，代价为 m^2，11~13 步，所有划分总共包含 L 个划分，代价为 L，则总时间代价为 $O(|D| + m^2 + L)$。

4.4.4 实验结果与分析

本节首先介绍了差分隐私发布数据可用性度量标准，然后对实验用数据集进行了解释说明，其次通过两个真实数据集验证了 Ugrid 和 Mgrid 的有效性，最后对实验结果进行了详细分析。

1. 可用度量

已有差分隐私研究文献中还没有特定的数据可用性度量标准[15]，现有文献常采用相对误差[7,3,4]、绝对误差[7]、方差[3,16]等来度量数据的可用性。本书中，采用相对误差来度量数据查询结果的可用性。给定一个数据查询 Q，设 $Q(D)$ 表示真实查询结果，$Q(\tilde{D})$ 表示含噪查询结果，则相对误差定义为

$$\mathrm{Err}(Q) = |Q(D) - Q(\tilde{D})|/\max\{Q(D), |D|/4^6\}$$

式中，$|D|$ 为数据集 D 中数据点总个数，为避免除数为 0，当 $Q(D) = 0$ 时，除数取 $|D|/4^6$。相对误差越小，表示数据查询精度越高，数据可用性越好。同时，为了看到不同方案中所加噪声大小，本书给出了不同方法数据查询时添加噪声的绝对误差对比。

2. 实验数据集

图 4-17 给出了不同数据集的绘图形状，图 4-17 中横轴为数据集的长度，纵轴为数据集的宽度。注意，为计算方便，所有数据集从零点开始，若不是从零点开始，移动坐标轴位置，直到从零点开始（以数据集最左下角位置点为零点）。

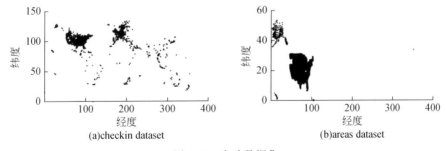

(a)checkin dataset　　　　(b)areas dataset

图 4-17　实验数据集

第一个真实数据集本书称之为 checkin①，如图 4-17（a）所示，checkin 数据集来源于一个基于地理定位的社交网络平台 Gowalla。checkin 主要包括用户登录时的位置点、时间和位置 ID 等信息，大约有 6 442 890 条记录，本实验中主要用到了 2010 年 7 月到 11 月的位置点数据。在此数据集上，数据查询 Q 的长和宽依次增加 10。

---

① http：//snap. stanford. edu/data/loc-gowalla_totalCheckins. txt. gz.

第二个真实数据集本书称之为 areas[①]，如图 4-17（b）所示。areas 数据集来源于美国人口调查局，为 2014 年美国立法领域地图数据。实验中主要用到了位置点数据信息，在此数据集上，数据查询 Q 的长依次增加 3，宽依次增加 2，验证当数据查询 Q 为矩形时最终的查询结果。

数据集的各种参数信息见表 4-4，在实验中，隐私预算 ε 分别取 0.1、0.5 和 1 来验证不同数据查询 Q 下的数据误差。

表 4-4　数据集参数信息

数据集	点数	格点大小	查询大小
checkin	625 123	354×133	$q_i = 10\ (i+1)\ \times 10\ (i+1)$，$i = 1, \cdots, 6$
areas	179 371	351×54	$q_i = 3\ (i+5)\ \times 2\ (i+5)$，$i = 1, \cdots, 6$

实验时，每组数据查询随机生成 500 次，取 500 次查询结果的平均值。实验运行环境为 Intel i5 CPU 和 3GB ARM，编程平台为 Eclipse3.5，编程语言为 Java。

3. 实验结果与分析

本节给出了 UG、AG、Ugrid、Mgrid 和 Q_{opt} 五种方法在不同数据查询 Q 下的实验结果。

图 4-18 给出了不同数据查询 Q 下的相对误差，从图 4-18 中可以看到，与其他方法相比，Mgrid 整体上相对误差最小，优于其他方法。我们看到，图 4-18（b）中，Ugrid 的相对误差较大。这种情况是数据查询 Q 包含的单元格多数为稀疏单元格引起。此时，将相似单元格进行合并，使得添加到每个单元格中噪声大小减小，能进一步提高数据查询精度。实验结果验证了本书数据域粒度划分模型和相似单元格合并操作的有效性。

注意到，在实验结果中，UG 的实验结果有时优于 AG。这是因为 AG 将隐私预算分成了两部分，预算的一半分给第一层划分，另一半分给第二层划分，隐私预算的分半使得单元格中添加噪声变大，最终导致 UG 优于 AG，AG 的特性从实验结果中得到了反映。

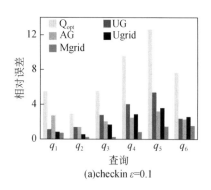

(a)checkin ε=0.1

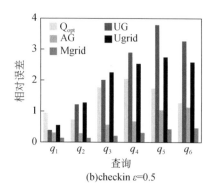

(b)checkin ε=0.5

---

① https：//www. census. gov/geo/maps-data/data/tiger-geodatabases. html.

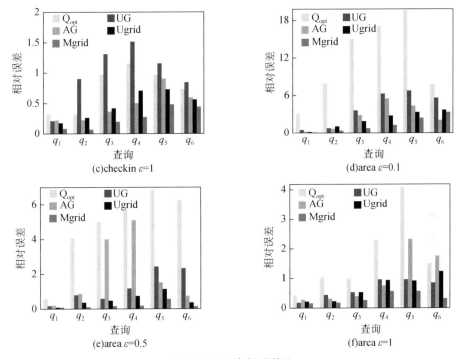

图 4-18　查询相对误差

图 4-19 给出了不同方法下查询的绝对误差结果，绝对误差以 K 线图的方式显示。K 线图的上端横线为绝对误差的最大值，K 线图的下端横线为绝对误差的最小值，K 线图中间的横线为绝对误差均值。矩形实体的上端为最大值的 95%，矩形实体的下端为最小值的 110%。为数据显示方便，绝对误差取对数显示。

不考虑均匀假设误差，仅计算添加噪声绝对误差的情况下，我们同样看到，方法 Mgrid 整体优于其他四种方法。其中，Q_{opt} 在 checkin 数据集上表现较好，但是在稀疏数据集 areas 上表现较差，这表明基于数据域粒度划分模型的差分隐私数据发布方法在处理稀疏数据时效果更优。

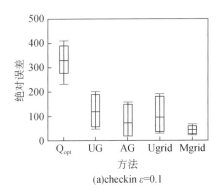

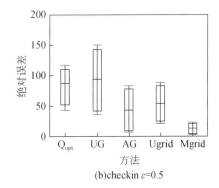

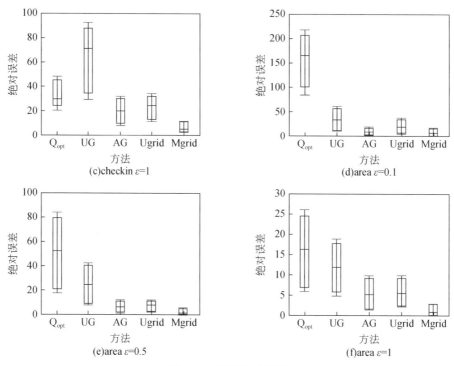

图4-19　查询绝对误差

　　差分隐私数据发布方法中，数据的可用性是衡量方法好坏的重要标准，已经成为差分隐私研究的一个重要方向。据知，文献［7］首次从数据域的划分粒度出发，研究如何构建差分隐私数据集，并提出一种数据域粒度划分模型。此模型建立时假设数据查询 Q 为正方形，并且假设均匀假设误差正比于查询边界单元格中点数。然而，实际数据查询时，数据查询 Q 形状可能为矩形，长与宽不相等，并且，随着数据查询 Q 矩形边界与单元格之间交集的变大，均匀假设误差逐渐加大。从此受到启发，针对二维地理空间数据，本书指出均匀假设误差正比于数据查询 Q 矩形边界与单元格的相交面积，并通过对噪声误差和均匀假设误差的整体分析，提出一种新颖的数据域粒度划分模型。

　　此模型考虑了数据查询 Q 为正方形和矩形的情况，更符合实际数据查询需求。基于此模型，本书提出了均匀网格发布方法 Ugrid 和网格合并发布方法 Mgrid，并通过两个真实数据集对其进行了验证。实验表明，Mgrid 具有良好的实用性，数据查询精度最高，可用性最好。另外，人工数据集上实验结果表明，通过树型结构对数据域进行分割的方法较易受隐私预算 ε 值的影响，而基于粒度划分模型的方法更为稳定。

　　在下一步的工作中，我们将着重完善数据域粒度划分模型，使得此模型能够更好地与数据集特征相契合，进一步提高数据可用性。例如，建模时，在模型中引入面积和单元格中点数两种属性因子。此外，我们还将研究地理空间数据在分布式环境下的应用，如多服务器数据发布等。

4.5 小 结

针对地理空间数据，本章提出一种基于 FA 策略的差分隐私可穿戴设备空间数据发布方案 F_{hy} 和一种基于单元格划分的数据发布方案 Mgrid。F_{hy} 利用非均匀的斐波拉契预算分配策略 FA、阈值判断和限制推理的方法提高了数据查询精度，并通过一个人工数据集和三个真实数据集对发布方案进行了验证。实验表明，相同隐私保护安全水平下，与其他方法相比，此方案数据查询精度较高。Mgrid 根据数据域粒度划分模型，给出了最优空间划分粒度。在今后的工作中，拟结合数据集自身特点，进一步优化隐私预算分配策略及数据域粒度划分模型。

参 考 文 献

[1] Machanavajjhala A, Gehrke J, Kifer D, et al. L-diversity：Privacy beyond k-anonymity. ACM Transactions on Knowledge Discovery from Data（TKDD），2007，1（1）：1-52.

[2] Li N, Li T, Venkatasubramanian S. T-closeness：Privacy beyond k-anonymity and l-diversity. Proceedings of the IEEE International Conference on Data Engineering, 2007：106-115.

[3] Cormode G, Procopiuc C, Srivastava D, et al. Differentially private spatial decompositions. Pro ceedings of the IEEE 28th International Conference on Data Engineering, Washington D C, USA, 2012：20-31.

[4] Fan L, Xiong L, Sunderam V. Differentially private multi-dimensional time series release for traffic monito-ring. Proceedings of the 27th international conference on Data and Applications Security and Privacy XXVII, Newark, NJ, 2013：33-48.

[5] Xiao Y, Xiong L, Yuan C. Differentially private data release through multidimensional partitioning. Proceedings of the VLDB Conference on Secure Data Management, 2010：150-168.

[6] Xiao Y, Gardner J, Xiong L. DPCube：Releasing differentially private data cubes for health information. Proceedings of the IEEE International Conference on Data Engineering, Arlington, Virginia USA, 2012：1305-1308.

[7] Qardaji W, Yang W, Li N. Differentially private grids for geospatial data. Proceedings of the IEEE International Conference on Data Engineering, Washington D C, USA, 2013：757-768.

[8] 李红娥. 广义斐波拉契数列的一些性质. 西华大学学报（自然科学版），2010，29（5）：57-59.

[9] 叶军. 黄金分割与 Fibonacci 数列. 数学通报，2004，（10）：28-30.

[10] Hay M, Rastogi V, Miklau G, et al. Boosting the accuracy of differentially private histograms through consis-tency. Proceedings of the Vldb Endowment, 2010, 3（1-2）：1021-1032.

[11] Wang J, Zhu R, Liu S, et al. Node location privacy protection based on differentially private grids in industrial wireless sensor networks. Sensors, 2018, 18（2）：1-15.

[12] Christian H, Carsten S, Tanja Z. Empirical evaluation of hash functions for multipoint measurements. ACM SIGCOMM Computer Communication Review, 2008, 38（3）：39-50.

[13] Frey B J, Dueck D. Clustering by passing messages between data points. Science, 2007, 315（5814）：972-976.

[14] Arzeno N M, Vikalo H. Evolutionary affinity propagation. Proceedings of the 2017 IEEE International Conference on Acoustics, Speech and Signal Processing（ICASSP）, New Orleans, LA, USA, 2017：2681-2685.

［15］ Wang J, Liu S, Li Y. A review of differential privacy in individual data release. InternationalJournal of Distributed Sensor Networks,2015,11(10): 1-18.

［16］ Xiao Q,Chen R,Tan K L. Differentially private network data release via structural inference. Proceedings of the ACM SIGKDD International Conference on Knowledge Discovery and Data Mining,2014: 911-920.

第5章 | 可穿戴设备流数据差分隐私发布算法

在这一章中，首先论述了差分隐私流数据发布研究的问题背景。然后，给出了问题定义，并对卡尔曼滤波及无迹卡尔曼滤波（unscented Kalman filter，UKF）进行了介绍。本章接着介绍了一种基本的可穿戴设备流数据发布方案，随后针对基本方案扰动数据可用性较低的缺陷，提出一种基于无迹卡尔曼滤波[1]的差分隐私流数据发布方案，同时给出了此方案的应用扩展。最后，在真实数据集上对本章所提方案进行了实验验证。

5.1 流数据发布面临的挑战

可穿戴设备监测用户生理、健康状态数据时，通常是一种长期、实时的监测行为。这些数据具有连续性，不同于静态数据发布，需要可穿戴设备服务商连续对外发布。若外包第三方云服务商不可信，可能导致用户隐私泄露，甚至给用户推送错误服务指导，威胁用户健康安全。可穿戴设备流数据对外发布[2~6]之前，需要对原始数据进行扰动，以确保用户隐私安全。

差分隐私可穿戴设备流数据发布示意图如图 5-1 所示。可穿戴设备传感器采集用户数据并通过汇聚中心传送到后台服务器，后台服务器通过拉普拉斯机制对接收的原始数据加噪扰动以保护用户隐私，并将扰动后的流数据对外发布，用于支持可穿戴设备服务商提供的相关服务。不同于静态空间数据发布，流数据发布是一种动态行为。流数据隐私保护需对每一时刻数据进行扰动处理，具有实时性。静态空间数据反映了用户在某一时刻的状态，统计流数据则反映了用户在一段时间内的连续状态，反馈信息更精确。

可穿戴设备 汇聚中心 后台服务器 扰动流数据 健康服务
传感器

图 5-1 差分隐私可穿戴设备流数据发布示意图

不同于基于空间划分的静态空间数据差分隐私发布[7~9]，动态流数据差分隐私发布方法需对每一时刻数据进行处理，并对扰动后数据进行后置处理，以优化扰动数据可用性。文献［10~12］对差分隐私流数据发布进行了研究，并对发布数据误差进行了分析。为增强发布数据的可用性，文献［13，14］提出一种基于卡尔曼滤波的差分隐私流数据发布方案，此方案保护用户隐私的同时有效提高了扰动数据的可用性。然而，卡尔曼滤波适用于线性系统[15]，现实中数据通常呈现非线性特征，应用于非线性系统时可能导致较大的预测误差[1]。

为解决线性卡尔曼滤波和非线性数据之间的矛盾，本书提出一种基于 UKF 的差分隐私可穿戴设备流数据发布方案。此方案保护用户隐私的同时提高了发布数据的可用性，且适用于非线性系统。

5.2 问题定义与卡尔曼滤波及其扩展

在本节，首先给出了研究问题的定义，接着介绍了卡尔曼滤波及无迹卡尔曼滤波，为随后基于 UKF 的差分隐私流数据发布方案打下了基础。

5.2.1 问题定义

对于时序/流数据，其定义如下。

定义 5-1　流数据[16]：

流数据是指一种按时间顺序排列的单变量、离散的统计值 $\{x_k^e\}$，$0 \le k < M$。其中，M 表示流数据的长度，x_k^e 表示在时刻 k 事件 e 发生的统计次数。

服务器在发布流数据之前，需先进行扰动处理。例如，用户心率状态每日统计数据，表 5-1。注意，时间间隔为一天，事件表示心率某种状态发生。对于扰动数据的可用性，本书通过均匀相对误差对扰动数据进行评估，其定义如下。

表 5-1　用户心率状态每日统计数据

用户	t_1	t_2	t_3	⋯	t_k
Bob	过速	正常	正常	⋯	过速
John	正常	正常	正常	⋯	正常
Mary	过缓	正常	正常	⋯	正常
Mark	过缓	过缓	过缓	⋯	过缓
⋯	⋯	⋯	⋯	⋯	⋯

定义 5-2　均匀相对误差[16]：

设原始流数据为 $\{x_k^e\}$，扰动流数据为 $\{r_k^e\}$，则均匀相对误差 E 如式（5-1）所示：

$$E = \frac{1}{M} \sum_{k=0}^{M-1} \frac{|r_k^e - x_k^e|}{\max\{x_k^e, \delta\}} \tag{5-1}$$

式中，δ 为用户指定常量，避免除数为 0。

从均匀相对误差定义可以看出，扰动流数据 $\{r_k^e\}$ 与原始流数据 $\{x_k^e\}$ 越相近，E 越小。特别地，当 $\{r_k^e\}$ 与 $\{x_k^e\}$ 完全一样时，E 最小，值为 0。然而，此时存在用户隐私泄露的风险。如何保护用户隐私的同时，确保扰动流数据的高可用性是本章研究的问题。

5.2.2 卡尔曼滤波

卡尔曼滤波[17]常称作线性二次估计,是一种递归算法,它只需要利用当前观测值和误差协方差就可运行。它假设 k 时刻的状态是从前一时刻 $(k-1)$ 演化而来,即 $x_k = x_{k-1} + w_k$,$w_k \sim N(0, Q)$。同时 k 时刻的观测值 z_k 满足下式,$z_k = x_k + v_k$,$v_k \sim N(0, R)$。状态空间模型如图 5-2 所示,扰动流数据 $\{r_k^e\}$ 可以看作观测值,原始流数据 $\{x_k^e\}$ 可以看作隐藏状态。

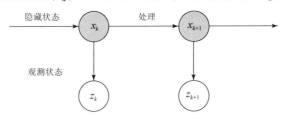

图 5-2 状态空间模型

卡尔曼滤波的操作包括两个阶段,即预测与更新。在预测阶段,卡尔曼滤波根据前一时刻状态的估计,对当前时刻的状态进行估计。预测状态和预测误差协方差分别如式 (5-2) 和式 (5-3) 所示:

$$\hat{x}_k^- = \hat{x}_{k-1} \tag{5-2}$$

$$P_k^- = P_{k-1} + Q \tag{5-3}$$

在更新阶段,通过加权平均的方式,卡尔曼滤波利用当前状态的观测值、预测结果和卡尔曼增益得到当前状态的最优状态估计。卡尔曼增益、更新状态和更新误差协方差如式 (5-4) ~ 式 (5-6) 所示。

$$K_k = P_k^- (P_k^- + R)^{-1} \tag{5-4}$$

$$\hat{x}_k = \hat{x}_k^- + K_k(z_k - \hat{x}_k^-) \tag{5-5}$$

$$P_k = (1 - K_k)P_k^- \tag{5-6}$$

5.2.3 无迹卡尔曼滤波

UKF 适应于任意非线性模型[18],即 $x_k = f(x_{k-1}) + w_k$,$z_k = h(x_k) + v_k$。式中,预测函数 f 和更新函数 h 为非线性函数。UKF 通过无迹变换围绕均值选取 $2L+1$ 个 sigma 点,L 为变量的维度,公式如下所示:

$$\chi_{k-1}^0 = \hat{x}_{k-1}$$
$$\chi_{k-1}^i = \hat{x}_{k-1} + (\sqrt{(L+\lambda)P_{k-1}})_i, \ i = 1, \cdots, L \tag{5-7}$$
$$\chi_{k-1}^i = \hat{x}_{k-1} - (\sqrt{(L+\lambda)P_{k-1}})_i, \ i = L+1, \cdots, 2L$$

式中,$\lambda = \alpha^2(L+\kappa) - L$,$\alpha$ 和 κ 决定着均值周围 sigma 点的分布状态,通常 $0 \leq \alpha \leq 1$,κ 取值需保持矩阵 $(L+\lambda)P_{k-1}$ 为正定矩阵。初始时,$\hat{x}_0 = E[x_0]$,$P_0 = E[(x_0 - \hat{x}_0)(x_0 - \hat{x}_0)^T]$,此处 x_0 以观测值 z_0 代替,以保护数据隐私。

时间预测更新方程如式（5-8）~式（5-12）所示。

$$\chi_{k|k-1} = f(\chi_{k-1}) \tag{5-8}$$

$$\hat{x}_k^- = \sum_{i=0}^{2L} W_i^{(m)} \chi_{k|k-1}^i \tag{5-9}$$

$$P_k^- = \sum_{i=0}^{2L} W_i^{(c)} [\chi_{k|k-1}^i - \hat{x}_k^-][\chi_{k|k-1}^i - \hat{x}_k^-]^{\mathrm{T}} + Q \tag{5-10}$$

$$z_k^- = h(\chi_{k|k-1}) \tag{5-11}$$

$$\hat{z}_k^- = \sum_{i=0}^{2L} W_i^{(m)} (z_k^-)_i \tag{5-12}$$

式中，权重 $W_0^{(m)} = \lambda/(L+\lambda)$，$W_0^{(c)} = \lambda/(L+\lambda) + (1-\alpha^2+\beta)$，$W_i^{(m)} = W_i^{(c)} = 1/2(L+\lambda)$，$i = 1, \cdots, 2L$，$\beta$ 为与变量 x 分布相关的常数。初始构造的 sigma 点经过非线性函数 f 变换之后，得到相同数目的预测样本点 $\chi_{k|k-1}$，并根据不同权重得到预测样本点的均值 $\hat{x}_k^-$ 和协方差 P_k^-。

获得当前观测值 z_k 后，通过测量方程对当前状态均值和协方差进行更新校正，方程如式（5-13）~式（5-17）所示：

$$P_{\tilde{z}_k \tilde{z}_k} = \sum_{i=0}^{2L} W_i^{(c)} [(z_k^-)_i - \hat{z}_k^-][(z_k^-)_i - \hat{z}_k^-]^{\mathrm{T}} + R \tag{5-13}$$

$$P_{x_k z_k} = \sum_{i=0}^{2L} W_i^{(c)} [\chi_{k|k-1}^i - \hat{x}_k^-][(z_k^-)_i - \hat{z}_k^-]^{\mathrm{T}} \tag{5-14}$$

$$\kappa_k = P_{x_k z_k} P_{\tilde{z}_k \tilde{z}_k}^{-1} \tag{5-15}$$

$$\hat{x}_k = \hat{x}_k^- + \kappa_k(z_k - \hat{z}_k^-) \tag{5-16}$$

$$P_k = P_k^- - \kappa_k P_{\tilde{z}_k \tilde{z}_k} \kappa_k^{\mathrm{T}} \tag{5-17}$$

其中，无迹卡尔曼增益 κ_k 通过预测观测值协方差 $P_{\tilde{z}_k \tilde{z}_k}$ 和状态–观测值协方差 $P_{x_k z_k}$ 求得。

UKF 处理流程核心部分如图 5-3 所示，UKF 包括预测和校正两个阶段。在预测阶段，

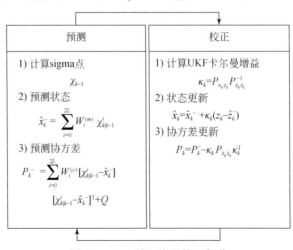

图 5-3　UKF 处理流程核心部分

UKF 通过 sigma 点计算预测状态和预测协方差；在校正阶段，利用预测状态、预测协方差和当前观测值对当前状态与协方差进行校正。

5.3　基于 UKF 的流数据差分隐私发布算法

本节首先介绍了差分隐私流数据发布框架，其次给出了流数据发布基本方案，再次详细阐述了基于 UKF 的可穿戴设备流数据发布增强方案，最后，给了方案的应用扩展方向，包括多变量的流数据、自适应抽样和无限数据流。

5.3.1　流数据发布框架

本章目的是保护用户隐私的同时提高扰动流数据的可用性，为达到此目的，差分隐私流数据发布方案需包含两个关键模块。一个是拉普拉斯机制模块，通过此模块向原始流数据中添加随机扰动噪声以实现差分隐私。另一个是后置处理模块，此模块利用 UKF 对扰动流数据进行降噪，以提高扰动流数据的可用性。流数据发布框架如图 5-4 所示。

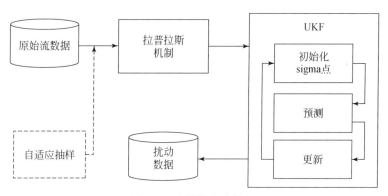

图 5-4　流数据发布框架

原始流数据发布之前，首先通过拉普拉斯机制进行加噪扰动。随后，利用 UKF 对扰动流数据进行优化处理，得到后验状态估计并对外发布。注意图 5-4 中虚线部分的自适应抽样，此模块表示基于 UKF 的流数据发布方案可以通过自适应抽样的方式进一步优化发布数据可用性，详情见 5.3.4 节。

5.3.2　流数据发布基本方案

若原始流数据仅通过拉普拉斯机制加噪扰动后便对外发布，本书称其为基本方案 LDP，其算法流程如图 5-5 所示。设原始流数据为 $\{x_k^e\}$，$e = 1, \cdots, n$，隐私预算为 ϵ，时序长度为 M，基本方案 LDP 详情如算法 9 所示。

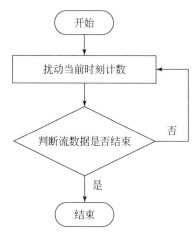

图 5-5　基本方案 LDP 流程图

算法 9　LDP（k）

输入:Original aggregates $\{x_k^e\}$,e=1,$\cdots$,n,privacy budget ϵ,length of series M

输出:Sanitized aggregates $\{r_k^e\}$,e=1,$\cdots$,n

1:for event e do

2:$r_k^e\leftarrow$perturb x_k^e by Lap(λ),λ=M/ϵ

3:end for

4:return $\{r_k^e\}$

每一个事件被单独扰动处理，在 x_k^e 中添加噪声 Lap（M/ϵ）并对外发布，基本方案 LDP 发布流数据可通过后置处理优化扰动数据的可用性。

5.3.3　提出的算法

基于 UKF 的差分隐私流数据发布增强方案简称为 UKFDP，UKFDP 算法流程如图 5-6 所示。此方案利用 UKF 对每一时刻统计值进行后置处理，得到后验状态估计并对外发布，UKFDP 详情如算法 10 所示。

算法 10　UKFDP（k）

输入:Original aggregates$\{x_k^e\}$,e=1,$\cdots$,n,privacy budget ϵ,length of series M

输出:Sanitized aggregates $\{r_k^e\}$,e=1,$\cdots$,n

1:for event e do

2:$r_k^e\leftarrow$perturb x_k^e by Lap（λ）,λ=M/ϵ

3:$prior\leftarrow$UKFPredict（e,k）

4:$posterior\leftarrow$UKFCorrect（e,k）

5:$r_k^e\leftarrow posterior$

6:end for

7:return $\{r_k^e\}$

子算法 UKFPredict 和 UKFCorrect 分别对应 UKF 中预测和校正两个阶段，详情如算法 11 和算法 12 所示。

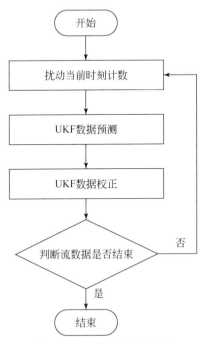

图 5-6　UKFDP 算法流程图

算法 11　UKFPredict（e，k）

输入: Sigma points χ_{k-1}

输出: Prior estimate $\hat{x}_k^{e-}$ and covariance P_k^{e-}

1: $\hat{x}_k^{e-} = \displaystyle\sum_{i=0}^{2L} W_i^{(m)} \chi_{k|k-1}^i$

2: $P_k^{e-} = \displaystyle\sum_{i=0}^{2L} W_i^{(c)} \left[\chi_{k|k-1}^i - \hat{x}_k^{e-} \right]\left[\chi_{k|k-1}^i - \hat{x}_k^{e-} \right]^{\mathrm{T}} + Q$

3: return $\{ \hat{x}_k^{e-}, P_k^{e-} \}$

算法 12　UKFCorrect（e，k）

输入: Prior estimate $\hat{x}_k^{e-}$ and measurement z_k

输出: Posterior estimate $\hat{x}_k^e$

1: $\kappa_k = P_{x_k z_k} P_{\tilde{z}_k \tilde{z}_k}^{-1}$

2: $\hat{x}_k^e = \hat{x}_k^{e-} + \kappa_k (z_k - \hat{z}_k^-)$

3: $P_k^e = P_k^{e-} - \kappa_k P_{\tilde{z}_k \tilde{z}_k} \kappa_k^{\mathrm{T}}$

4: return $\{ \hat{x}_k^e \}$

算法 10 对 UKFDP 进行了描述，且满足 ϵ-差分隐私，我们给出如下定理。

定理 5 （隐私保证）算法 10 满足 ϵ –差分隐私。

证明：函数 $f: D \to R^n$ 表示 D 到一个 n 维空间的映射关系，若

$$f(D) = (x_1,\ x_2,\ \cdots,\ x_n)^{\mathrm{T}}$$

$$f(D') = (x'_1,\ x'_2,\ \cdots,\ x'_n)^{\mathrm{T}}$$

$$= (x_1 + \Delta x_1,\ x_2 + \Delta x_2,\ \cdots,\ x_n + \Delta x_n)^{\mathrm{T}}$$

则有

$$\Delta f = \max\left(\sum_{i=1}^{n} |\ x_i - x'_i\ |\right)$$

$$= \max\left(\sum_{i=1}^{n} |\ \Delta x_i\ |\right)$$

设 $x_i = 0$, $f(D) = (0,\ 0,\ \cdots,\ 0)^{\mathrm{T}}$, $f(D) = (\Delta x_1,\ \Delta x_2,\ \cdots,\ \Delta x_n)^{\mathrm{T}}$, $O = (y_1,\ y_2,\ \cdots,\ y_n)^{\mathrm{T}}$, 有

$$\frac{\Pr[A(D) = O]}{\Pr[A(D') = O]} = \frac{\prod_{i=1}^{n} \dfrac{\epsilon_k}{2\Delta f} e^{-\frac{\epsilon_k}{\Delta f}|y_i|}}{\prod_{i=1}^{n} \dfrac{\epsilon_k}{2\Delta f} e^{-\frac{\epsilon_k}{\Delta f}|\Delta x_i - y_i|}}$$

$$= \prod_{i=1}^{n} e^{-\frac{\epsilon_k}{\Delta f}(|y_i| - |\Delta x_i - y_i|)}$$

$$= e^{\frac{\epsilon_k}{\Delta f}\sum_{i=1}^{n}(|\Delta x_i - y_i| - |y_i|)}$$

$$\leqslant e^{\frac{\epsilon_k}{\Delta f}\sum_{i=1}^{n}|\Delta x_i|}$$

$$\leqslant e^{\frac{\epsilon_k}{\Delta f}\max\limits_{D,\ D'}\left(\sum_{i=1}^{n}|\Delta x_i|\right)}$$

$$\leqslant e^{\frac{\epsilon_k}{\Delta f}\Delta f}$$

$$\leqslant e^{\epsilon_k}$$

式中，n 可取值 1，原始数据 x_k 分配的隐私预算 $\epsilon_k = \epsilon/M$，根据差分隐私定义和序列组合性，即定义 2-2 和性质 2-1，可知算法 10 满足 ϵ –差分隐私，注意 UKFPredict 和 UKFCorrect 不消耗隐私预算。

5.3.4 算法扩展

1. 多变量流数据

UKFDP 主要应用于单变量的差分隐私流数据发布，即统计单一事件在每一时刻发生的次数。此方案可以扩展到多变量流数据发布，即统计所有事件在每一时刻发生的次数，多变量流数据处理模型如式（5-18）所示：

$$X_{k+1} = f(X_k) + w_k,\ w_k \sim N(0,\ \mathbf{Q}) \tag{5-18}$$

式中，向量 $X_k = (x_k^1,\ \cdots,\ x_k^m)^{\mathrm{T}}$ 为所有事件在时刻 k 发生的次数；f 为非线性函数；w_k 为高

斯噪声。

2. 自适应抽样

流数据发布过程中，若某一时段数据变化平缓，可用前一时刻扰动数据代替当前发布数据，以节省隐私预算。若某一时段数据变化强烈，可多次发布扰动数据，以增强数据可用性。根据数据变化趋势动态调整数据抽样频率，此过程称之为自适应抽样。比例积分微分（proportional integral derivative，PID）控制[19,20]可以通过比例、积分和微分三种调节方式动态调整采用频率，自适应抽样可利用 PID 控制器合理分配隐私预算，进一步优化扰动数据可用性。

3. 无限流数据

本章所提方案 UKFDP 中流数据长度定义为 M，为有限流数据。可以通过 w -event ϵ -差分隐私[21]将有限流数据发布扩展为无限流数据发布。w -event ϵ -差分隐私利用滑动窗口可以保护任意 w 时刻内的事件级隐私，滑动窗口的应用使得时序长度可以无限延长[22]。

w -event 差分隐私发布方案是一种特殊的事件型方案，该方案克服了传统事件型差分隐私方案未考虑事件间关联关系的不足，实现了对 w 时间窗内任意事件的信息保护。另外，在数学定义上，当 w 趋近于无穷大时，该方案则实现了无限流数据上的用户型差分隐私，w -event 差分隐私具有重大的理论和应用价值。

5.4 性能分析

本节为性能评估，首先介绍了实验中使用的四个真实数据集。然后，对相关差分隐私流数据发布方案进行了验证，并给出了实验结果相应分析。

5.4.1 实验数据

方案的编程环境为 MATLAB 2009，包括基本方案 LDP、基于 KF 的流数据发布方案 KFDP 和本书提出的基于 UKF 的流数据发布方案 UKFDP，实验中采用的四个真实数据集如下。

employee①：此数据集是美国经济中排除经营者、私人家庭雇员、无偿义工、农场雇员和非法人个体经营者后工人的数量。本书选择了从 1967 年 8 月 26 日 ~ 1969 年 7 月 26 日的数据。

person：此数据集是澳大利亚每月的就业人数，本书选择了 1986 年 12 月 ~ 1978 年 8 月的数据。

rhine：此数据集是瑞士巴塞尔附近莱茵河数据，本书选择了 1807 ~ 1907 年的数据。

---

① https：//fred. stlouisfed. org/series/PAYEMS.

shipment：此数据集描述了 Lenex Corporation 公司从 1967 年 1 月 ~ 1978 年 12 月的每月收音机发货数，本书选择了从 1967 年 1 月 ~ 1975 年 5 月的数据。数据集 person、rhine 和 shipment 从网站 DataMarket[①] 获得。

四个实验数据集都包括 100 个统计值，统计值序列如图 5-7 所示。可以看出，数据集 rhine 和 shipment 为非线性序列，数据集 employee 和 person 整体呈线性变化，近似线性序列。

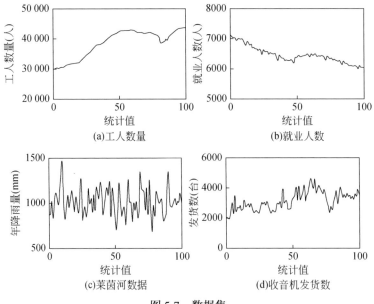

图 5-7　数据集

实验中算法使用的相关参数缺省值见表 5-2 所示，隐私预测 ϵ 分别取值为 1、0.1、0.01 和 0.001。

表 5-2　实验参数缺省值

参数	缺省值
δ	1
Q	510
R	10 000
M	100
α	0.5
β	3
κ	1

---

① https：//datamarket. com/data/list/？q＝provider：tsdl.

5.4.2　实验结果与分析

本小节给出了方案 LDP、KFDP 和 UKFDP 在不同隐私预算下的实验结果，并对实验结果进行了分析。

1. UKF

UKF 示意图如图 5-8 所示。

图 5-8 展示了数据集 shipment 中原始数据、扰动数据和 UKF 过滤数据间的对比。原始数据以点虚线带叉表示，扰动数据以圆圈表示，UKF 过滤数据以实线带三角形表示。可以看到，扰动数据分布较广，而 UKF 过滤数据更接近原始数据。

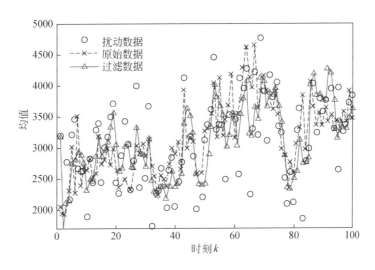

图 5-8　UKF 过滤示意图

图 5-9 给出了数据集 shipment 中基本方案 LDP 和基于 UKF 的增强方案 UKFDP 发布数据的相对误差。可以看到，并不是每一次 UKF 估计都优于 LDP 方案的结果，但从整体来看，UKFDP 发布数据的相对误差小于 LDP 发布数据的相对误差，表明 UKF 起作用。

2. 平均相对误差

根据平均相对误差定义，它提供了一种衡量扰动流数据可用性高低的标准。平均相对误差越低，表明扰动数据越近似原始数据。两者越接近，扰动数据可用性越高。

本章在四种不同隐私预算下验证了 LDP、KFDP 和 UKFDP，我们观察到随着隐私预算的增强，均匀相对误差逐渐降低。这是因为隐私预算越大，根据拉普拉斯机制添加的扰动噪声越小。当 $\epsilon = 1$ 时，取 $R = 100$，实验结果如图 5-10 所示。注意，为更清楚显示实验结果，数据集 employee 中误差值扩大了十倍。

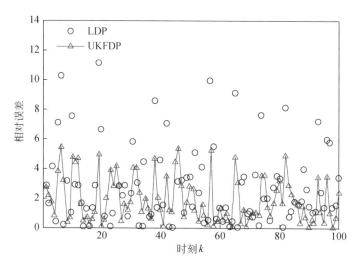

图 5-9　LDP 与 UKFDP 的相对误差

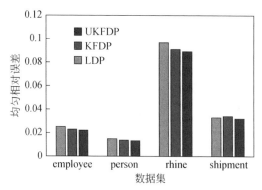

图 5-10　$\epsilon = 1$ 时均匀相对误差

从图 5-10 可以看到,当 $\epsilon = 1$ 时,UKFDP 发布数据的均匀相对误差最小。基本方案 LDP 与 KFDP 和 UKFDP 的实验结果相比,除数据集 shipment 中实验结果外,LDP 发布数据的均匀相对误差最高。LDP 在数据集 shipment 中实验结果优于 KFDP 的原因是 KF 后验状态评估仅部分依赖于观测值 z_k , 当 z_k 中添加噪声小,精度更高时易导致此情况[13]。

当 $\epsilon = 0.1$,均匀相对误差如图 5-11 所示。隐私预算降低,相对误差升高。同时, UKFDP 实验结果优于 KFDP 和基本方案 LDP。特别地,数据集 employee 和 person 近似线性分布,并且 employee 的斜率为正,person 的斜率为负。实验结果表明,UKFDP 方案同样适用于线性系统。当 ϵ 为 0.01 和 0.001 时实验结果如图 5-12 和图 5-13 所示。随着隐私预算的降低,UKFDP 扰动数据的均匀相对误差越小,明显优于 LDP。

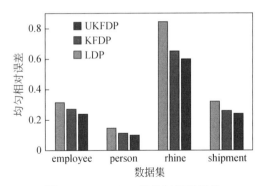

图 5-11　ϵ = 0.1 时均匀相对误差

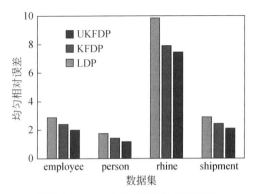

图 5-12　ϵ = 0.01 时均匀相对误差

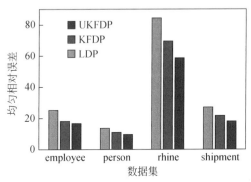

图 5-13　ϵ = 0.001 时均匀相对误差

3. Q 对均匀相对误差影响

状态方程中方差 Q 实验结果，当观测方程中方差 R = 10 000，ϵ 取 0.1 和 0.01 时，数据集 shipment 中不同 Q 下均匀相对误差如图 5-14 所示。为了数据显示方便，ϵ = 0.1 下实验结果扩大十倍，同时，我们取十次均匀相对误差的平均值作为一次实验结果，以提高实验结果精度。从图 5-14 中可以看到，随着 Q 值增加，均匀相对误差整体呈现为增长的趋势，

Q 值越小均匀相对误差越低，效果越好。然而，当 R 一定时，Q 值有最小下界，因为 $(L+\lambda)P_{k-1}$ 矩阵 cholesky 分解时需满足正定要求，在实验中，我们取 $Q=510$。

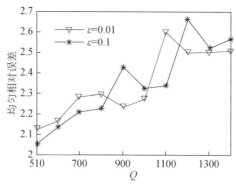

图 5-14 Q 对相对误差的影响

UKF 中通过无迹变换近似一个概率分布比近似任意非线性函数或变换更容易，上述实验结果验证了基于 UKF 流数据发布方案的有效性，发布数据可用性更高。

5.5　小　　结

发布差分隐私流数据时，需要尽可能降低发布数据的误差。为了提高发布流数据的可用性，本章提出了一种基于 UKF 的差分隐私流数据发布方案。该方法采用抽样方法近似非线性分布。实验结果表明，本章提出的方案提高了发布数据的可用性，使其更接近原始无扰数据。在今后工作中，我们将扩展此方案，包括流数据的无限性，多变量发布等。

参 考 文 献

［1］ Julier S J,Uhlmann J K. Unscented filtering and nonlinear estimation. Proceedings of the IEEE,2004,92(3): 401-422.

［2］ Li H,Xiong L,Zhang L,et al. Dpsynthesizer:Differentially private data synthesizer for privacy preserving data sharing. Proceedings of the the VLDB Endowment,2014:1677-1680.

［3］ Qardaji W,Yang W,Li N. Understanding hierarchical methods for differentially private histograms. Proceedings of the VLDB Endowment,2013,6(14):1954-1965.

［4］ Xu J,Zhang Z,Xiao X,et al. Differentially private histogram publication. Proceedings of the the IEEE International Conference on Data Engineering,Washington D C,USA,2012:32-43.

［5］ Li H,Cui J,Lin X,et al. Improving the utility in differential private histogram publishing:Theoretical study and practice. Proceedings of the the IEEE International Conference on Big Data,2012:1100-1109.

［6］ Sei Y,Okumura H,Ohsuga A. Privacy-preserving publication of deep neural networks. Proceedings of the the IEEE International Conference on High PERFORMANCE Computing and Communications;IEEE International Conference on Smart City; IEEE International Conference on Data Science and Systems,2016:1418-1425.

［7］ Fan L,Xiong L,Sunderam V. Differentially private multi-dimensional time series release for traffic monito-ring. Proceedings of the 27th international conference on Data and Applications Security and Privacy XXVII,

Newark, NJ, 2013:33-48.

[8] Cormode G, Procopiuc C, Srivastava D, et al. Differentially private spatial decompositions. Proceedings of the IEEE 28th International Conference on Data Engineering, Washington D C, USA, 2012:20-31.

[9] Qardaji W, Yang W, Li N. Differentially private grids for geospatial data. Proceedings of the IEEE International Conference on Data Engineering, Washington D C, USA, 2013:757-768.

[10] Dwork C, Naor M, Pitassi T, et al. Differential privacy under continual observation. Proceedings of the ACM Symposium on Theory of Computing, 2010:715-724.

[11] Chan T H H, Shi E, Song D. Private and continual release of statistics. ACM Transactions on Information & System Security, 2011, 14(3):1-24.

[12] Chan T H H, Li M, Shi E, et al. Differentially private continual monitoring of heavy hitters from distributed streams. Berlin: Springer, 2012.

[13] Fan LY, Li X. Adaptively sharing time-series with differential privacy. CORR, 2012.

[14] Fan LY, Li X. Real-time aggregate monitoring with differential privacy. Proceedings of the ACM International Conference on Information and Knowledge Management, 2012:2169-2173.

[15] Faragher R. Understanding the basis of the kalman filter via a simple and intuitive derivation [lecture notes]. IEEE Signal Processing Magazine, 2012, 29(5):128-132.

[16] Fan L, Bonomi L, Xiong L, et al. Monitoring web browsing behavior with differential privacy. Proceedings of the International Conference on World Wide Web, New York, NY, USA, 2014:177-188.

[17] Kalman R E. A new approach to linear filtering and prediction problems. Journal of Basic Engineering Transactions, 1960, 82D(1):35-45.

[18] Uhlmann S J J J K. A new extension of the kalman filter to nonlinear systems. Proceedings of SPIE-The International Society for Optical Engineering, 1997, 3068:182-193.

[19] Ang K H, Chong G, Li Y. Pid control system analysis, design, and technology. IEEE Transactions on Control Systems Technology, 2005, 13(4):559-576.

[20] Li Y, Ang K H, Chong G C Y. Pid control system analysis and design. Control Systems IEEE, 2006, 26(1): 32-41.

[21] Kellaris G, Papadopoulos S, Xiao X, et al. Differentially private event sequences over infinite streams. Proceedings of the VLDB Endowment, 2014, 7(12):1155-1166.

[22] Wang Q, Zhang Y, Lu X, et al. RescueDP: Real-time spatio-temporal crowd-sourced data publishing with differential privacy. Proceedings of the IEEE INFOCOM 2016 - The 35th Annual the IEEE International Conference on Computer Communications, Honolulu, HI, USA, 2016:1-9.

第6章　总结与展望

6.1　内容总结

在可穿戴设备快速发展的当今时代，其数据安全和隐私保护问题，是影响未来可穿戴设备普遍应用的一个重要因素。良好的安全保护机制对可穿戴设备的推广普及有着重要作用，它使用户广泛受益的同时保护用户数据安全。在本书中，我们从设备的安全认证和差分隐私数据发布两方面对其安全性进行了研究。身份认证是保障系统安全的关键，是一种安全保证形式。只有通过有效的身份认证，才能保证系统操作的安全性。差分隐私数据发布是保障用户隐私的有效措施，具有隐私可量化和攻击能力可界定的良好性质。差分隐私通过对原始数据添加拉普拉斯噪声，以保护用户隐私安全。

针对上述安全保护机制，本书首先阐述了可穿戴设备安全认证与隐私数据发布的研究背景与意义。随后，对这两方面研究内容进行了分析，并给出了研究内容间的关系。接着，本书对设备安全认证和隐私数据发布研究现状进行了总结，并在此基础之上，给出了我们的解决思路。本书做出的工作如下。

（1）针对现有基于 TPM 或 PUF 在可穿戴设备安全认证上的不足，提出一种基于 PUF 和 IPI 的可穿戴设备双因子安全认证协议 TFAP。此协议有效解决了现有研究在能耗和安全性上存在的问题。我们通过理论分析和仿真实验，对本书方案的正确性和有效性进行了验证。同时，在 TFAP 协议中，PUF 事关认证安全。基于平衡 D 触发器，降低仲裁器电路非对称性导致的输出响应偏异，使得输出响应的熵越大，进一步提高 PUF 安全。

（2）针对可穿戴设备空间数据，为了保护数据隐私的同时提高数据可用性，基于数据查询实际情况，我们设计了一种基于斐波拉契预算分配策略的差分隐私空间数据发布方案，并利用限制推理和阈值判断对扰动数据进行了优化处理。数据查询主要利用四叉树下层节点进行计算，我们对数据查询误差进行了分析。详细的数据查询误差理论分析和实验结果证明了本方案的有效性，并通过一个人工数据集和三个真实数据集对本书方案进行了验证。

（3）针对可穿戴设备时序数据，为保护可穿戴设备服务商外包到第三方不可信云服务商上数据的隐私，我们首先给出了差分隐私流数据发布基本方案。其次，利用 UKF 对扰动数据进行后置优化处理，以提高数据可用性。最后，通过四个真实数据集对基于 UKF 的差分隐私流数据发布方案进行了验证。

通过上述工作，我们为可穿戴设备安全认证和隐私数据发布提供了相关理论和应用上的支持，具有一定的理论意义和应用价值。然而，时代快速发展，全球数据储存容量呈现爆炸式的增长，传统的集中式数据管理的维护成本和管理成本过大。当今，随着物联网等新型分布式应用的发展，分布式数据管理的作用越发凸显。然而，集中式数据隐私保护和分布式数据隐私保护是两种不同出发点，作为未来在可穿戴设备安全保护机制上的研究工作，拟进一步研究如下工作。

1）分布式数据隐私保护

现有集中式计算往往不是最佳的选择策略，数据计算需要在更加靠近数据源的地方执行。分布式计算可以改进服务，然而，在分布式环境下如何结合差分隐私有效地保护数据隐私是一个有待研究的领域。现有中心化差分隐私数据发布主要建立在数据收集者为可信服务器的基础之上，然而，在分布式环境下，可能不存在所谓的中心服务器，且中心服务器不一定可信。如何将差分隐私局部化，使得不可信第三方数据收集者收集的数据满足差分隐私，能够抵御背景知识最大化的攻击者，保护用户隐私。同时，现有差分隐私因count（）函数全局敏感度最小，主要保护频数的统计值。然而，数据的爆炸式增加，已经使得我们走进了大数据时代。此时，用户数据具有体量巨大、类型繁多、渠道多样和生成速度快等特性，如何处理大数据下的隐私保护问题，这是我们关注的重点。

2）空间数据隐私保护

可穿戴设备中包含用户位置信息，针对这些空间数据，现有数据发布方法通常采用差分隐私空间分解的方式对数据域进行分割，以降低均匀假设误差，提高数据可用性。发布数据主要包含噪声误差和均匀假设误差，现有方法假定均匀假设误差正比于查询边界单元格中点数，并通过对两种误差的整体分析，给出了一种数据域的粒度划分模型。然而，此模型建立时假设数据查询为正方形，数据查询时可能为矩形。我们将着重完善数据域粒度划分模型，使得此模型能够更好地与数据集特征相契合，进一步提高数据的可用性。如，建模时，在模型中引入面积和单元格中点数两种属性因子。此外，也将研究空间数据在分布式环境下的应用，如多服务器数据发布等，这是我们未来的目标之一。

3）可穿戴设备数据访问控制

现今，可穿戴设备快速融入用户生活。用户一方面享受着可穿戴设备带来的便利，另一方面，可穿戴设备用户数据面临隐私泄露的威胁。可穿戴设备云服务面向多种系统角色，系统为不同角色提供不同服务时需进行访问控制。现有单一的隐私保护策略不能满足多方应用需求，需针对不同角色和不同应用设计可穿戴设备数据多层次多级别的数据保护策略。如何自适应设计和选择可穿戴设备数据保护策略，以防止数据被恶意破坏和泄露，是我们今后需要重点研究的问题，也是社会关注的重点问题。

4）可穿戴设备快速认证

可穿戴设备面临一种紧急情况下的身份认证，即特殊情况下，医院中医生需要从用户的可穿戴设备中及时取出用户相关生理数据。此时，如何在保证用户数据安全的同时，完成设备的快速认证。一方面，医生没有事先经过授权，不能直接访问设备中用户数据。另一个方面，医院的数据手持仪中未存储与节点相关的密钥信息，不能与设备节点建立数据连接关系。如何在未授权和未存储密钥的特殊情形下，快速完成用户数据的秘密共享是值得研究的问题，也是我们关注的焦点。

6.2 雾计算下数据隐私保护展望

雾计算（fog computing）[1]作为云计算的延伸，已经成为物联网分布式应用的一种有效解决方案，为5G时代下智能交通、智能家居、智能医疗等智能化应用提供了新途径[2]。雾计算节点将存储、计算等能力扩展到贴近用户的网络边缘，且与用户紧密关联，存在隐私泄露的风险[3]，如基于边缘处理的智能交通"热力图"位置隐私保护问题。然而，现有基于云计算的数据隐私保护措施不适合直接应用于雾计算[4]。分布式特性[4]（雾特性）和数据关联性[5,6]为雾计算带来了新的安全和隐私挑战。针对计算节点雾特性和数据关联性特点，迫切需要有效的方法保护数据隐私安全。

局部差分隐私（local differential privacy，LDP）[7]在继承中心化差分隐私（differential privacy，DP）[8]敌手攻击能力可界定、隐私保护程度可量化的良好性质的基础上，强调了隐私数据的局部化保护，被Google公司最先实现于Chrome浏览器[9]。新近研究工作中，南京邮电大学Du等[10]、电子科技大学Wang等[11]和墨尔本大学Lyu等[12]首次研究了雾环境下基于DP模型的数据隐私保护问题，取得一定成果。然而，现有研究多集中在中心化DP保护模型[13]，未充分考虑节点雾特性。LDP适用于分布式数据隐私保护，但数据关联性降低了LDP隐私保护程度[14]，为保护关联数据隐私进行的扰动又将导致数据可用性降低。对此，结合LDP局部化特性保护雾环境下关联数据隐私并优化数据可用性，具有良好的研究与应用前景。

目前，针对分布式数据隐私保护，主要集中在安全多方计算（secure multiparty computation）[15]、加密技术[16]（如同态加密）及LDP[7]。安全多方计算及加密技术由于可扩展性、复杂度等问题，不利于应用的部署实现[17]。LDP去中心化的特性，不需云计算中心参与运算，使得用户能够独立处理和保护敏感信息，进而能更加彻底的保护用户隐私[18,19]。

近年，已有研究者将LDP成功应用于分布式数据隐私保护。Erlingsson等[9]基于布隆过滤器（Bloom filter）和随机响应技术（randomized response）研究了用户敏感属性信息的隐私保护。Qin等[20]将LDP引入社交网络图下用户隐私保护。Zhang等[21]研究了数据挖掘下的个性化隐私保护，在满足个性化LDP条件下完成频繁项挖掘。这些LDP方法虽然可以保护分布式数据隐私，但是大多未考虑数据间的关联性。因此，现有LDP模型不适用于雾环境下关联数据隐私保护，研究适宜的局部关联差分隐私保护模型是我们面临的挑战，也是我们的发展机遇。

参 考 文 献

[1] Mäkitalo N, Ometov A, Kannisto J, et al. Safe, secure executions at the network edge: coordinating cloud, edge, and fog computing. IEEE Software, 2017, 35(1):30-37.

[2] Liu J, Li J T, Zhang L, et al. Secure intelligent traffic light control using fog computing. Future Generation Computer Systems, 2017, 78(2): 817-824.

[3] Wang T, Zhou J, Chen X, et al. A three-layer privacy preserving cloud storage scheme based on computational intelligence in fog computing. IEEE Transactions on Emerging Topics in Computing, 2018, 2(1): 3-12.

[4] Mukherjee M, Matam R, Lei S, et al. Security and privacy in fog computing: Challenges. IEEE Access, 2017, (99): 1.

[5] Zhu T Q, Xiong P, Li G, et al. Correlated differential privacy: Hiding information in non-IID data set. IEEE Transactions on Information Forensics & Security, 2014, 10(2): 229-242.

[6] Song S, Wang Y, Chaudhuri K. Pufferfish privacy mechanisms for correlated data,. Proceedings of the 2017 ACM International Conference on Management of Data(SIGMOD'17), 2017: 1291-1306.

[7] Duchi J C, Jordan M I, Wainwright M J. Local privacy and statistical minimax rates. Proceeding of the 54th Annual Symposium on Foundations of Computer Science(FOCS'13), 2013: 429-438.

[8] Soria-Comas J, Domingo-Ferrer J, Sanchez D, et al. Individual differential privacy: A utility-preserving formulation of differential privacy guarantees. IEEE Transactions on Information Forensics & Security, 2016: 1(6)1418-1429.

[9] Erlingsson Ú, Pihur V, Aleksandra K. RAPPOR: Randomized aggregatable privacy-preserving ordinal response. Proceedings of the 2014 ACM SIGSAC Conference on Computer and Communications Security(CCS'14), 2014: 1054-1067.

[10] Du M, Wang K, Liu X L, et al. A differential privacy-based query model for sustainable fog data centers. IEEE Transactions on Sustainable Computing, 2017: 1-11.

[11] Wang Q X, Chen D J, Zhang N, et al. PCP: A privacy-preserving content-based publish-subscribe scheme with differential privacy in fog computing. IEEE Access, 2017, 5: 17962-17974.

[12] Lyu L J, Nandakumar K, Rubinstein B, et al. PPFA: Privacy-preserving fog-enabled aggregation in smart grid. IEEE Transactions on Industrial Informatics, 2018.

[13] Lu R X, Heung K, Lashkari A H, et al. A lightweight privacy-preserving data aggregation scheme for fog computing enhanced IoT. IEEE Access, 2017, 5: 3302-3312.

[14] Chen J W, Ma H D, Zhao D, et al. Correlated differential privacy protection for mobile crowdsensing. IEEE Transactions on Big Data, 2017.

[15] Pettai M, Laud P. Combining differential privacy and secure multiparty computation. Proceedings of the 31st Annual Computer Security Applications Conference(ACSAC'15), 2015: 421-430.

[16] Goryczka S, Li X. A comprehensive comparison of multiparty secure additions with differential privacy. IEEE transactions on dependable and secure computing, 2017, 14(5): 463-477.

[17] Chen R, Li H R, Qin A K, et al. Private spatial data aggregation in the local setting. Proceedings of IEEE 32nd International Conference on Data Engineering(ICDE'16), 2016: 289-300.

[18] 叶青青, 孟小峰, 朱敏杰, 等. 本地化差分隐私研究综述. 软件学报, 2018, 29(7): 1-27.

[19] Bassily R, Smith A. Local, private, efficient protocols for succinct histograms. In Proceedings of the 47th Annual ACM Symposium on Theory of Computing(STOC'15), 2015: 127-135.

[20] Qin Z, Yu T, Yang Y, et al. Generating synthetic decentralized social graphs with local differential privacy. Proceedings of the 2017 ACM SIGSAC Conference on Computer and Communications Security(CCS'17), 2017: 425-438.

[21] Zhang X Y, Huang L S, Fang P, et al. Differentially private frequent itemset mining from smart devices in local setting. Proceedings of International Conference on Wireless Algorithms, Systems, and Applications(WASA'2017), 2017: 433-444.